Docteur Paul CHAILLOUX

DISCUSSION

sur le

Traitement des Fractures

De la base du Crâne

TOULOUSE

CH. DIRION, LIBRAIRE-ÉDITEUR

22, rue de Metz et rue des Marchands, 33

—

1910

Docteur Paul CHAILLOUX

DISCUSSION

sur le

Traitement des Fractures

De la base du Crâne

TOULOUSE

Ch. DIRION, LIBRAIRE-ÉDITEUR

22, rue de Metz et rue des Marchands, 33

—

1910

A MONSIEUR LE DOCTEUR MARTIN

Ancien interne des Hôpitaux de Paris, professeur suppléant
libre à l'Ecole de Medecine d'Angers

A mon Président de Thèse

MONSIEUR LE PROFESSEUR MÉRIEL

Chargé de cours de Médecine opératoire

INTRODUCTION

———

Tous les classiques divisent les fractures du crâne d'après leur siège, en fractures limitées à la voûte et fractures limitées à la base, entre lesquelles prend place une troisième variété de *fractures irradiées* de la voûte à la base

Les chirurgiens sont d'accord sur la manière de traiter les fractures limitées à la voûte. Il faut dire que souvent la présence d'une plaie des parties molles mettant en communication le foyer de fracture avec l'extérieur, l'enfoncement des fragments, l'existence de symptômes indiquant une compression cérébrale localisée, et toujours la facilité d'explorer le foyer de fracture revêtu seulement des téguments crâniens, composent un ensemble de circonstances rendant facile l'appréciation des indications opératoires.

Les fractures limitées à la base du crâne : fractures du sinus frontal, de l'apophyse mastoïde, l'enfoncement de la cavité glénoïde, du pourtour du trou occipital, sont bien rares, d'un diagnostic souvent difficile, et fréquemment accompagnées d'irradiation du trait de fracture ; leur étude thérapeutique se confon-

dra le plus souvent avec celle des fractures irradiées de
la voûte à la base.

Mention spéciale doit être faite des fractures du
crâne par voie orbitaire ; ces fractures sont dues à la
pénétration de corps étrangers dans le crâne par la
voie orbitaire. Coqueret, en 1905, les a étudiées dans
sa thèse basée sur l'analyse de 83 observations. Là aucune discussion sur la nécessité de : 1° Assurer la désinfection de la plaie orbitaire et cérébrale ; 2° d'enlever le corps étranger et les esquilles ; 3° de drainer
l'étage antérieur du crâne par la trépanation sus-orbi-
taire du frontal, ou mieux, d'après Auvray, en résé-
quant la voûte orbitaire, ce qui permet de drainer au
point le plus déclive.

Restent les fractures irradiées de la voûte à la base.
« Combien sont, par contre, mal tracées les règles qui
régissent le traitement des fractures de la base du
crâne ! dit Vincent, dans un intéressant mémoire paru
dans la *Revue de Chirurgie* d'août 1909. La plupart
des chirurgiens se contentent de rester les spectateurs
presque passifs du traumatisme, aidant à peine la nature à défendre le blessé contre les complications infectieuses que l'on observe si fréquemment ; d'autres,
bien rares, ont tenté d'écarter les accidents infectieux
par une intervention d'une telle gravité le plus souvent, qu'elle compromettait par elle-même la vie du
blessé. Entre la passivité des uns et l'excessive har-
diesse des autres, n'y a-t-il pas une pratique moins
dangereuse que celle qui prescrit de se porter directement sur le foyer osseux de la base pour le désinfec-

teur, et cependant moins timorée que la méthode classique actuelle qui se contente de la simple désinfection
de la bouche, des fosses nasales et de l'oreille ? »

On ne peut mieux poser cette question : Quel est
actuellement le meilleur traitement des fractures irradiées de la voûte à la base ?

Le professeur Vincent fait son choix, et le paragra-
phe se termine par la proposition suivante : « A mon
avis, la thérapeutique des fractures de la base du crâne
doit être très active sans être dangereuse, et consister
dans la *trépanation préventive accompagnée de l'ouverture de la dure-mère et du drainage permettant l'écoulement du liquide céphalo-rachidien.* »

Le problème du traitement des fractures irradiées
de la voûte à la base est donc remis en discussion. Des
observations recueillies à la clinique du docteur Martin, d'Angers, m'ont permis d'en apprécier les solutions pratiques et de donner à cette discussion la base
clinique indispensable.

Que notre éminent maître nous permette ici de le
remercier de son enseignement d'abord, puis des pré-
cieux conseils qu'il nous a donnés si volontiers au
cours de cette étude.

Après avoir rappelé brièvement les particularités
anatomo-pathologiques qui caractérisent les fractures
irradiées de la voûte à la base, seules fractures que
nous avons en vue dans ce travail, notre thèse com-
prendra trois chapitres.

Dans le premier, nous ferons une revue générale
des divers traitements proposés.

Dans le deuxième, nous étudierons les indications thérapeutiques.

Le troisième sera consacré à l'exposition du manuel opératoire.

RÉSUMÉ DES CONDITIONS ANATOMO-PATHOLOGIQUES ET PATHOGÉNIQUES QUI CARACTÉRISENT LES FRACTURES IRRADIÉES DE LA VOUTE A LA BASE DU CRANE.

La connaissance de ces fractures remonte au mémoire de Aran, en 1844, publié dans les Archives de Médecine.

Là il est démontré que :

1° Les fractures par irradiation sont les plus nombreuses de toutes les fractures du crâne.

2° L'irradiation se fait vers la base par le chemin le plus court.

3° Il y a une relation constante entre le point traumatisé de la voûte et le siège de la fissure irradiée à l'un des étages de la base.

En 1858, Trélat, à la Société anatomique, veut expliquer ce fait et en particulier la limitation habituelle des fractures à l'un des étages de la base, par l'influence des trous de la base qui constituent un obstacle à la propagation des fissures et limitent leur trajet. Le rôle de limitation est accepté ; mais non celui de régulariser le trait de fracture. La vraie cause de cette régu-

larité fut découverte par Félizet, dont les conclusions
sont appuyées sur de nombreuses expériences, plusieurs fois contrôlées depuis. D'après lui, le crâne est
comparable à une voûte dont la clef est au centre de
la base et sert de point de départ à une série d'arcs-
boutants. Or ces arcs-boutants délimitent entre eux,
sur la base, les trois étages, antérieur, moyen et postérieur ; et sur la voûte, des régions correspondantes
telles qu'une fracture qui a son point de départ dans
l'un de ces « entre-boutants » reste comprise entre les
deux piliers voisins.

Ainsi, les fractures de la partie postérieure de la
voûte s'étendront à l'étage postérieur entre les deux
rochers. Celles de la partie antérieure atteindront l'é-
tage antérieur ; celles de la partie moyenne, l'étage
moyen.

D'après cela, on se rend compte que les fractures de
la partie postérieure, à moins de traumatisme très in-
tense, ne s'étendront point aux parties de la base communiquant avec les cavités de la face. De même, les
fractures de la partie antérieure n'auront chance d'ouvrir que l'ethmoïde. Au contraire, les fractures irradiées à l'étage moyen, à part de rares exceptions, communiquent toujours, soit avec les cavités auriculaires,
soit plus souvent avec les fosses nasales et le rhino-pharynx. Ces cavités, nous le savons, renferment des germes septiques, saprophytes normalement, mais susceptibles d'augmenter leur virulence, à la première occasion, pour la moindre cause parfois.

Si nous considérons en outre que les fractures de l'étage moyen sont de beaucoup les plus fréquentes, nous voyons que ce qui caractérise les fractures de la base, produites par irradiation ou non, *c'est leur communication presque constante avec les cavités de la face, communication qui en fait des fractures ouvertes compliquées et essentiellement exposées à l'infection.* En fait, ces fractures s'infectent souvent, et la cause de mort la plus fréquente après de semblables traumatismes est la méningo-encéphalite due à la propagation des germes des cavités de la face jusqu'aux méninges, à travers le foyer de la fracture.

Fracture ouverte, exposée à l'infection, cela semble entraîner une conséquence bien simple : « Antisepsie et désinfection du foyer traumatique ». C'est le traitement qu'on applique aux fractures ouvertes des membres, même aux fractures ouvertes de la voûte du crâne ; à priori, il semble logique de l'appliquer encore aux cas qui nous occupent et d'empêcher ainsi la complication de méningo-encéphalite.

Mais, s'il est facile de formuler par induction un tel traitement évidemment rationnel, autre chose est de le mettre en pratique.

Et en fait, comme nous le disions au début, rien n'est plus variable que la façon dont on a traité les fractures de la base du crâne, cela parce que les règles de ce traitement sont mal tracées, incertaines et très différentes selon les auteurs.

CHAPITRE PREMIER

REVUE GÉNÉRALE DES TRAITEMENTS PROPOSÉS POUR LES
FRACTURES DE LA BASE DU CRÂNE

« Dans un bon nombre de cas, s'il est permis de
soupçonner une fracture de la base du crâne, il n'est
pas permis de l'affirmer d'une façon absolue, étant
donné que le diagnostic ne se fait en général que d'a-
près un ensemble de symptômes, dont chacun pris en
particulier, n'a qu'une valeur toute relative et qui ne
se trouve pas toujours au complet. » (Marion.)

Le diagnostic des fractures de la base du crâne n'est
donc pas facile à affirmer et cela explique qu'elles
aient été si longtemps méconnues.

Cela explique encore que les chirurgiens se soient
si longtemps contentés de chercher seulement à prévenir la complication de beaucoup la plus fréquente
et la plus redoutable, la méningo-encéphalite, par la
simple désinfection des cavités de la face. Mais ce traitement échouait souvent et le chirurgien assistait,
spectateur passif, à l'évolution de l'infection méningo-
encéphalique contre laquelle il ne croyait pouvoir rien
tenter.

En raison de cet état de choses, des chirurgiens audacieux, Pilcher, Walker et Collins Warrens (1890-91) résolurent d'agir plus activement, par la trépanation d'emblée. Mais cette méthode n'est pas sans présenter de gros inconvénients, et d'abord une extrême gravité.

Aussi, de nos jours, certains auteurs ont préconisé divers traitements moins offensifs, ce sont Cushing, Vincent d'Alger et Muret.

Nous allons passer en revue ces divers traitements et d'abord nous dinstinguerons principalement :

1° Le traitement médical, non opératoire ;

2° Le traitement opératoire.

Et nous aurons à étudier plus particulièrement les diverses façons dont les chirurgiens ont compris leur intervention.

TRAITEMENT NON OPÉRATOIRE

Le premier traitement, le traitement non opératoire, est évidemment le plus simple ; et c'est aussi celui que les chirurgiens ont le plus longtemps employé, et celui que beaucoup emploient encore en maintes circonstances.

Il consiste essentiellement dans l'antisepsie, par des moyens médicaux, des cavités de la face avoisinant le foyer de la fracture : les fosses nasales, le rhino-pharynx et l'oreille.

Je ne saurais mieux exposer ce traitement qu'en re-
produisant ce qu'a écrit à ce sujet Chipault (en 1894),
dans la « Chirurgie opératoire du système nerveux »
et qu'il rapporte lui-même dans le Traité de Chirurgie :

« Les soins à prendre dans ce but (éviter l'infection
du foyer de fracture) sont de deux sortes :

1° Lavages ou pulvérisations répétés dans le conduit
auditif et la caisse, dans les fosses nasales et dans le
pharynx, surtout au niveau de la trompe d'Eustache.
Ces lavages ou pulvérisations seront faits avec une
solution tiède de sublimé à 1 p. 1.000, additionné d'un
peu de chlorure de sodium et de quelques goutes d'es-
sence d'eucalyptus.

2° Dans l'intervalle des lavages ou des pulvérisations, on tamponnera le conduit auditif, le pharynx et
les fosses nasales avec une gaze antiseptique iodoformée
ou mieux sublimée. Dans le cas où l'irradiation se li-
mite à l'étage antérieur de la base, la désinfection et
le tamponnement des fosses nasales et du pharynx suf-
fisent. Lorsque l'irradiation occupe l'étage moyen, il
faut s'occuper non seulement de ces deux cavités qui
peuvent infecter l'oreille par l'intermédiaire de la
trompe d'Eustache, mais aussi du conduit auriculaire ;
cela s'impose lorsque le tympan est ouvert et que sang
ou liquide céphalo-rachidien s'écoule par le méat. Cela
nous semble également nécessaire lorsqu'au fond du
conduit bombe un tympan non déchiré ; nous sommes
même d'avis qu'on devra, dans ces cas, après désinfection du conduit auditif externe, ouvrir l'oreille

moyenne et la désinfecter directement. C'est là,
somme toute, l'application à un cas un peu particulier,
mais aussi particulièrement grave, de ce principe qui
exige l'antisepsie, puis l'occlusion aseptique de toute
fracture ouverte.

En somme, désinfection des cavités de la face, voilà
le résumé de ce traitement ; mais, si le principe est
bon, la pratique indiquée n'est pas de tout point irré-
prochable.

Tandis que les pulvérisations et surtout les irrigations sont un bon moyen d'antisepsie des fosses nasales, le tamponnement de ces mêmes cavités est tout à
fait malheureux et va juste à l'encontre de l'effet cher-
ché.

Il est bien acquis, en effet, que les irrigations les
plus abondantes et les mieux faites n'arrivent jamais
à expulser tous les germes d'une cavité anfractueuse
comme les fosses nasales, dont elles sont loin d'ailleurs
d'atteindre tous les recessus.

Donc, il reste des germes et même assez abondants.
En tamponnant les fosses nasales, que fait-on ? On
empêche d'abord l'air respiré d'y passer et l'on concen-
tre ainsi dans cette cavité devenue close, chaleur et
humidité, ces deux conditions si favorables à la pullulation des microbes qui sont prompts à en profiter
malgré les antiseptiques que peut porter la gaze ou le
coton employés. Ces antiseptiques, de plus, s'ils ont
en la circonstance une influence très illusoire sur les
microbes, par contre, en ont une très certaine sur la
muqueuse qu'ils irritent et font sécréter.

Résultat : Le milieu qu'on a prétendu désinfecter devient plus septique qu'avant ces manœuvres ; je n'en
veux d'ailleurs pour preuve que la fétidité de la gaze ou
du coton qui ont séjourné quelque temps dans les
fosses nasales, placés là pour arrêter une épistaxis.
Comme le tampon postérieur se trouve au niveau de
la trompe d'Eustache, elle-même devenue cavité close
(et peut-être aussi du trait de fracture), on en arrive à
infecter l'oreille moyenne si peu septique à l'état
normal.

Plus antiseptique, à mon avis, serait, en dehors des
irrigations, le libre passage de l'air qui n'apporte
guère, si non point de germes pathogènes, et qui par
le rafraîchissement et l'assèchement relatifs des fosses
nasales, ne permet aux germes qui les habitent qu'une
végétation ralentie. Tout au plus pourrait-on obstruer
les narines avec de légers tampons d'ouate stérilisée
simplement destinés à filtrer l'air inspiré.

De même, l'irrigation du conduit auditif, en cas de
perforation du tympan, n'est peut-être pas sans danger, car elle risque d'envoyer dans la caisse des microbes du conduit, d'autant plus redoutables alors que le
trait de fracture a des chances d'avoir ouvert les cavités
de l'oreille moyenne.

TRAITEMENT OPÉRATOIRE

La gravité du shock, l'étendue des lésions crânien-
nes, la multiplicité des accidents encéphaliques, telles
étaient les raisons qui amenaient les chirurgiens à se

montrer si peu actifs en présence d'une fracture de la base du crâne. Ayant fait ainsi de l'antisepsie, on attendait la guérison, assez problématique d'ailleurs. Souvent, en effet, trop souvent, vers le cinquième ou le sixième jour apparaissaient les premiers symptômes de la complication tant redoutée, la méningo-encéphalite qui ne tardait pas à emporter le blessé.

Je remarquerai, en passant, que ce délai de cinq ou six jours avant l'apparition de la méningite semble bien en rapport avec la virulence atténuée des germes des cavités de la face.

Quelques chirurgiens avaient bien essayé alors d'enrayer cette méningite, mais les résultats étaient nuls ou à peu près.

1° Large trépanation préventive de la base du crâne. Pilcher, Walker, Collins-Warrens.

En raison des tristes résultats de ces opérations tardives, quelques chirurgiens audacieux, inaugurant une ère nouvelle, résolurent de trépaner d'emblée les fractures de la base du crâne afin d'arrêter l'infection si elle était commencée, et même d'intervenir avant qu'elle ne se fût manifestée.

Reprenons ici Chipault et nous y verrons l'exposé de ces opérations qu'il rapporte, ainsi que son opinion à leur égard.

« Beaucoup plus discutable que ces précautions antiseptiques est le traitement chirurgical proprement dit des lésions méningo-encéphaliques produites par l'irradiation basilaire. Au niveau du frontal ou de l'occipital, la recherche sur la voute orbitaire ou dans la fosse cérébelleuse, d'esquilles ou de caillots n'offre encore rien d'extrêmement audacieux, mais il n'en est pas de même des recherches analogues faites sur le plancher de l'étage moyen.

Cependant Pilcher en 1890, Walker en 1890, Collins-Warrens en 1891 ont obtenu par ces interventions hardies et lorsqu'ils ont pu agir avant que le foyer se soit infecté, des succès remarquables.

Il est donc nécessaire, sans préjuger la valeur générale de cette méthode, de tout au moins indiquer comment on pourrait à l'occasion l'appliquer. « Quelle que soit la région où l'on opère, on fera une incision en V. Puis lors de fracture de l'étage antérieur, on ouvrira le crâne soit au-dessus de la glabelle, ce qui mène au-dessus de la lame criblée de l'ethmoïde et de la partie médiane de l'étage ; soit au-dessus du rebord orbitaire, autant que possible sans le détruire, ce qui conduit sur la partie antérieure de la voûte de l'orbite ; soit à un centimètre au-dessus et un centimètre en arrière de l'angle orbito-temporal, ce qui conduit sur la partie postérieure de la voûte, au niveau de la petite aile du sphémoïde.

Lors de fracture de la zone moyenne, on ouvrira à un centimètre au-dessus et à deux centimètres en avant du méat en désinsérant et reclinant au besoin le muscle temporal, et même en sectionnant à ses extrémités l'arcade zygomatique pour permettre l'abaissement complet du lambeau des parties molles et se donner ainsi plus de jour. Lors de fracture de l'occipital, on ouvrira de préférence sur le milieu de la ligne

qui va du sommet de la mastoïde à l'inion. La résection
crânienne sera commencée au ciseau et au maillet,
puis agrandie à la pince emporte-pièce ; on le fera avec
beaucoup de précautions, en n'oubliant pas qu'on agit
sur les parties les plus minces de la paroi crânienne,
réduite souvent au niveau des fosses cérébelleuses et
de l'écaille temporale, à l'épaisseur d'une feuille de pa-
pier. L'ouverture crânienne doit être grande ; elle doit
permettre d'explorer suivant les cas, la fosse antérieure
jusqu'au bord du sphénoïde ; ou la fosse moyenne jusqu'à la fente sphénoïdale en avant, jusqu'à la crète
du rocher en arrière, jusqu'à la carotide en dedans ;
ou enfin la fosse postérieure jusqu'au sinus latéral et
au rebord du trou occipital. Il est du reste difficile de
passer d'une de ces aires chirurgicales à l'autre, sépa-
rées qu'elles sont par des adhérences durales très
solides et par des trous plus ou moins volumineux.
Sur la voûte orbitaire, dans les fosses cérébelleuses, la
dure-mère se laisse décoller sans peine ; à l'étage moyen,
elle adhère davantage, surtout au niveau du trou
sphéno-épineux ; on pourra cependant, sans effort, la
détacher et la soulever à l'aide d'un large écarteur, de
préférence à l'aide de notre écarteur spécial, de forme
correspondante à celle de l'étage moyen du plancher
et qui dès lors ne comprime point le cerveau, tout en
formant réflecteur par sa face inférieure et permettant
de voir clair au fond de la plaie opératoire. Sauf, bien
entendu, dans les cas où, la dure-mère étant déchirée,
les espaces extra et intra-duraux communiquent largement entre eux, on doit faire le nettoyage et l'anti-

sepsie du foyer traumatique en deux temps : un premier temps extra-dural, avant l'ouverture de la dure-
mère, temps pendant lequel on suit le trait de fracture,
on enlève le caillot qui le recouvre et on emploi les
antiseptiques les plus énergiques pour détruire les
agents infectieux qui ont pu déjà le pénétrer ; un
deuxième temps intra-dural où l'on se sert beaucoup
plus prudemment d'antiseptiques faibles ne lésant pas
le tissu cérébral souvent dénudé et dilacéré. Le drainage doit être lui aussi divisé en drainage extra-dural
et drainage intra-dural. Le drainage intra-dural sera
discret, fait après fermeture aussi complète que possible de la dure-mère, à l'aide d'un faisceau de catgut,
bien préférable à l'os décalcifié et au caoutchouc,
beaucoup trop durs, et aux crins de cheval, difficiles
à introduire et porteurs de pointes singulièrement
offensantes. Le drainage extra-dural sera fait à la gaze
iodoformée ou sublimée, qui non seulement drainera
mais encore s'opposera à l'infection du foyer par le
trait de fracture. Aussi devra-t-on recouvrir celui-ci
complètement ; au besoin même on étalera une nappe
épaisse et large de gaze sur toute la fosse explorée. Si,
après l'opération, tout se passe bien, le premier pansement sera laissé trois ou quatre jours, puis hebdoma-
dairement la gaze sera diminuée jusqu'à la suppression complète ; alors on devra chercher la fermeture
ostéoplastique secondaire de l'orifice crânien chirurgical par lequel tend à se faire, s'il est large et la dure-
mère détruite à son niveau, du prolapsus cérébral. Il
ira bien entendu de soi, qu'avant et pendant tout le

cours du traitement opératoire que nous venons de décrire, l'antisepsie du naso-pharynx et des cavités auriculaires sera rigoureusement faite ; c'est à ce prix seulement qu'on a obtenu et qu'on obtiendra dans quelques cas d'heureux résultats par ce traitement audacieux. »

Cette opération d'emblée est évidemment très logique, puisqu'elle applique aux fractures de la base du crâne le traitement des fractures ouvertes en général. Malheureusement, elle n'en est pas moins passible de certaines objections très sérieuses.

S'il est difficile généralement d'établir le diagnostic des fractures de la base du crâne, il est bien plus difficile encore et même pratiquement impossible d'établir à priori leur pronostic.

Des traumatismes très intenses, ayant amené des symptômes graves, ont pu guérir par le simple traitement médical. Par contre, des traumatismes légers, accompagnés d'abord de symptômes également légers ou même parfois nuls, se sont fréquemment compliqués, dans la suite, des phénomènes les plus graves, et il est absolument impossible de distinguer les cas où apparaîtra l'infection, de ceux où elle ne se manifestera pas. De sorte que l'intervention dans un certain nombre de cas serait tout au moins inutile puisque le malade eut pu guérir sans elle, l'infection ne s'étant pas manifestée ou s'étant arrêtée après quelques manifestations sans gravité.

Par ailleurs, une telle intervention pratiquée sur un sujet sain serait par elle-même un traumatisme

énorme : pratiquée sur un blessé déprimé par le shock
et à tout point de vue en état de moindre résistance,
elle ajoute à la gravité déjà grande du traumatisme.

Or le blessé qui aurait peut-être à peine fait les frais
de la guérison de sa seule fracture, peut très bien ne
pas supporter ce traumatisme nouveau qui n'est même
pas certain de lui être utile.

Donc, incertaine dans ses résultats d'une part, dangereuse de l'autre, une telle opération, en résumé,
fait courir au blessé beaucoup plus de dangers que la
lésion primitive. A notre avis, cette seule considération
doit presque faire condamner la méthode.

Ce fut d'ailleurs l'opinion de la plupart des chirurgiens, car nous ne croyons pas que de telles audaces
opératoires aient été systématiquement renouvelées.

On ne saurait cependant blâmer ces chirurgiens, car
si leur méthode n'a pas été adoptée, du moins ils ont
mis en avant la possibilité, je dirai même presque le
devoir de faire plus que leurs prédécesseurs. Pourtant
la question ne fait pas de progrès très rapides, comme
le prouvent les paroles de deux chirurgiens que je vais
citer et dont je rapporterai les observations plus loin.

En janvier 1901, Poirier, présentant un blessé trépané en pleine méningite, à la Société de Chirurgie,
débute ainsi :

« Messieurs, les fractures du crâne sont parmi celles
qui ont le moins bénéficié des progrès de la chirurgie
actuelle ; il n'est pas exagéré de dire qu'elles gardent
leur ancienne et extrême gravité. La guérison est l'ex-
ception ; le plus souvent la mort survient, soit immé-

diatement du fait des lésions, soit quelques jours plus tard par les complications infectieuses. En général, la thérapeutique chirurgicale se borne à une prétendue désinfection des conduits naturels (oreilles, nez, pharynx), mais quand survient la méningo-encéphalite, nous restons inactifs et le blessé meurt. La lecture du court chapitre que nos classiques consacrent à la thérapeutique des complications infectieuses des fractures du crâne est aussi courte que désespérante ; le plus récent d'entre eux va même jusqu'à refuser toute confiance aux tentatives chirurgicales même les plus hardies.

« Je continue de penser comme en 1891 (Topogr. Cr. Enc.), qu'il y a mieux à faire que de regarder venir la mort, que les inflammations ou mieux les infections des méninges sont redoutables surtout parce qu'elles évoluent en champ clos et inextensible, et que si nous changeons, par l'ouverture large de la boîte crânienne, les conditions de culture des microbes, nous pouvons modifier la marche et le pronostic des infections méningiennes. »

En avril 1904, A. Mignon, présentant à la même Société une observation analogue, dit encore : « L'ouverture du crâne, l'incision et le drainage des méninges constituent un traitement tellement rationnel des complications infectieuses de la base du crâne, que le principe en semble indiscutable. Les auteurs modernes rapprochent avec raison l'infection des méninges de l'infection des autres séreuses et admettent qu'on applique aux méninges le traitement appliqué aujourd'hui sans conteste au péritoine, à la plèvre, au péricarde et aux synoviales articulaires.

« Mais les conditions anatomiques particulières de la séreuse endocrânienne ont retenu jusqu'ici beaucoup de chirurgiens, et l'histoire de la trépanation du crâne pour méningite après fissure de la base, sans lésion apparente de la voûte ne serait pas longue à écrire. Autant on s'empresse d'intervenir dans les cas d'infection provoquée par un enfoncement de la voûte autant la gravité du pronostic des méningites traumatiques de la base impose de réserves aux chirurgiens.

Je crois d'ailleurs, si j'en juge par mes observations personnelles, qu'il y a plus d'opérations pratiquées que la littérature médicale ne le laisse supposer, car on ne publie pas les cas où l'intervention est restée sans effet.

« Les succès obtenus en France et à l'étranger peuvent se compter sur les doigts. Le plus connu en France est celui que M. Poirier vous a communiqué dans la séance du 16 janvier 1901. »

Ces opérations n'ont réussi d'ailleurs que parce que la méningite était encore localisée, mais il n'en est pas de même lorsque l'encéphalite est diffuse ; les résultats sont alors nuls.

De tout cela, il résulte qu'on se met à opérer ; c'est déjà un progrès, mais on n'opère guère que lorsque la méningite est déclarée et qu'il semble qu'il n'y ait plus rien à craindre.

Évidemment par ce procédé on obtient des résultats encourageants, mais il n'est pas moins vrai, ainsi que le laisse entrevoir Mignon, que souvent l'opération, soit qu'on la décide trop tard, soit que la virulence de l'infection soit exagérée, n'aboutit pas à sauver le blessé.

Il y a donc encore mieux à faire ; mais ce n'est guère que depuis ces dernières années que la question est reprise activement.

2° Trépanation sous-temporale de Cushing.

En 1908 Cushing de Baltimore, dans les « Annals of Surgery », écrit un article intitulé : « Opérations sous-temporale décompressive contre les complications intra-crâniennes liées aux fractures irradiées du crâne » et où il propose une intervention souvent appliquée par lui avec de bons résultats.

Voici d'ailleurs ce qu'en dit Auvray, dans le nouveau traité de chirurgie :

« Cependant Cushing de Baltimore a récemment préconisé la trépanation préventive pour prévenir les complications intra-crâniennes liées aux fractures irradiées du crâne. Durant ces trois dernières années, Cushing est intervenu régulièrement dans la plupart des fractures de la base qu'il a observées, et, dans ce but, il a eu recours à la trépanation sous-temporale, c'est-à-dire qu'il trépane en passant à travers les faisceaux musculaires écartés, il pratique une brèche osseuse d'environ quatre ou cinq centimètres de diamètre par où la cavité crânienne est explorée, après incision de la dure-mère. Cushing n'a eu à déplorer que deux morts sur quinze opérés, alors que la mortalité observée par lui auparavant était de près de 50 p. 100.

« La trépanation sous-temporale est simple à exécuter ; elle a l'avantage d'être faite au niveau de la partie la plus mince du crâne ; les fibres du temporal sont dissociées et non divisées, ce qui permet d'éviter toute chance de hernie cérébrale ; s'il y a une déchirure de la méningée, l'ouverture crânienne est faite de façon à permettre la ligature du tronc ou des branches du vaisseau ; s'il y a contusion du lobe temporo-sphénoïdal ou de la base du lobe frontal avec extravasation de liquide, le drainage peut être établi dans de bonnes conditions ; lorsque le trait de fracture traverse la fosse moyenne, on peut drainer par dessous le lobe temporal. On combat ainsi l'œdème cérébral et les phénomènes consécutifs de compression cérébrale qui peuvent durer longtemps. Non seulement l'opération a une action favorable sur les phénomènes aigus du début, mais elle semble susceptible de prévenir l'apparition des névroses traumatiques, si fréquentes dans les cas guéris sans opération.

« Tels sont les avantages que Cushing reconnaît à la trépanation préventive. »

A remarquer que cette opération préventive ne s'applique qu'aux cas de fracture de l'étage moyen et qu'elle n'est indiquée qu'en vue des phénomènes compressifs.

3° Ponction lombaire, Quénu et Muret.

Nous ne saurions passer sous silence la ponction lombaire plus spécialement étudiée par Muret ces temps derniers et à propos de laquelle Auvray dit encore ce qui suit, après avoir exposé le traitement médical :

« Récemment, on a proposé d'adjoindre à ces divers moyens la ponction lombaire, dont la valeur thérapeutique a été vantée surtout par Quénu et Muret, dans le mémoire inédit auquel j'ai fait allusion. Partant de ce principe exposé précédemment que l'hémorragie qui accompagne la fracture constitue pour l'organisme un grave danger, par son volume et par les phénomènes chimiques qui accompagnent sa résorption et retentissent d'une façon si fâcheuse sur les centres nerveux, Muret considère que la ponction lombaire est utile en diminuant l'épanchement. Plus l'hémorragie aura été facilitée, moins elle donnera de produits toxiques, moins elle produira d'irritation ou d'inflammation ; et comme c'est au début que le danger est le plus grand, c'est au début surtout qu'il faut agir et multiplier les ponctions. » La décompression des centres nerveux ne doit pas être trop brusque afin d'éviter les accidents bulbaires, la céphalée, les accidents mortels même qui ont été observés. On laissera donc le liquide s'écouler goutte à goutte et on n'enlèvera que peu de liquide à la fois, 15 à 18 cmc.

Muret a insisté dans son mémoire sur le rôle bienfaisant de la ponction lombaire : « Après la ponction, le malade soulagé par la diminution de l'hypertension, sort de son coma ; le pouls se relève ; la respiration reprend un mode plus normal. Puis, peu à peu, les phénomènes de résorption continuant, l'hyperpression réapparaît et le malade retombe dans le coma jusqu'à ce qu'une nouvelle ponction vienne l'en faire sortir. » Au fur et à mesure que la résorption sanguine avance, les périodes de coma s'espacent, les périodes de lucidité sont de plus en plus grandes, jusqu'à la disparition complète du coma à laquelle succède un état de demi-torpeur pendant lequel s'opère la dstruction complète des globules rouges.

Ce sont là les phénomènes observés par Muret dans neuf cas traités par la ponction lombaire et suivis de guérison.

Il est certain qu'on ne saurait appuyer une opinion définitive sur la valeur de la ponction lombaire appliquée au traitement des fractures du crâne d'après ces neuf observations ; il est nécessaire que des faits nouveaux viennent corroborer les résultats primitivement obtenus. Quoiqu'il en soit, cette petite statistique a sa valeur. Mais il est bien entendu que dans aucun cas la ponction lombaire ne saurait être le seul mode de traitement appliqué ; elle doit toujours être associée aux soins médicaux précédemment énumérés.

Nous ajouterons qu'il est évident que la ponction ne trouve d'indication que dans le cas d'hémorragie ou encore de compression d'autre origine. Mais en cas d'infection, elle ne saurait avoir d'autre application que de confirmer le diagnostic par l'étude du liquide céphalo-rachidien, car elle n'empêche pas le vase clos si favorable à la pullulation des germes, et elle est très insuffisante pour évacuer d'une façon efficace les germes eux-mêmes et les toxines qu'ils peuvent produire.

4° Trépanation préventive avec drainage sous-dure-mérien. Méthode de Vincent.

Vincent fait remarquer avec raison que : les ponc-

tions lombaires de Quénu et Muret sont surtout destinées à combattre l'hypertension intra-crânienne et les
accidents d'intoxication cérébrale produits par la résorption du sang ; la trépanation sous-temporale de
Cushing se propose de diminuer les phénomènes de
compression cérébrale et d'évacuer les hématomes
intra-crâniens ; mais aucune de ces deux méthodes ne
s'efforce de prévenir la méningo-encéphalite dont le
point de départ se trouve dans la communication du
foyer de la fracture avec l'extérieur par l'intermédiaire
des cavités du crâne et de la face.

Le traitement rationnel des fractures de la base du
crâne consiste pour cet auteur dans la trépanation précoce avec ouverture permanente de la dure-mère, et
dans le drainage de la cavité arachnoïdienne, de façon
à permettre l'écoulement continu du liquide céphalo-
rachidien.

Vincent développe ainsi sa pensée : « C'est qu'en réalité il n'y a qu'une ligne de conduite rationnelle dans
le traitement des fractures de la base du crâne, c'est
celle qui permet de prévenir le développement des accidents méningitiques, qui devance leur apparition, et
établit dès le début du traumatisme, avant que flambe
la méninge, une voie de dérivation qui empêchera l'ac-
cumulation des agents infectieux ou de leurs toxines
dans le crâne. Il est facile de prévoir ce qui doit se
passer dans la plupart des fractures de la base : leur
foyer communiquant avec l'extérieur par une cavité
du crâne où la virulence est ordinairement atténuée,
l'infection se développe lentement dans l'os et se trans-

met peu à peu aux méninges ; puis cette virulence
s'exalte parce que les agents microbiens sont enfermés
dans une cavité close et les accidents s'aggravent et se
généralisent.

Ne semble-t-il pas logique, pour prévenir le développement de ces complications infectieuses, d'appliquer au crâne la règle qui s'impose contre l'infection
de toutes les séreuses, c'est-à-dire leur drainage ; n'est-
ce pas ainsi qu'on agit après une arthrotomie ou une
plaie articulaire accidentelle pour éviter la production
d'une arthrite infectieuse, et qu'après une laparotomie,
où l'acte opératoire a laissé dans le ventre quelque chose
de suspect, on place des gazes et des drains qui atté-
nueront la péritonite ? Puisque l'on pense que la trépanation avec ouverture de la dure-mère peut seule présenter quelques chances d'arrêter une méningite en
évolution, pourquoi ne pas appliquer la même méthode
préventivement, c'est-à-dire à la seule époque où elle
est susceptible de donner des résultats certains ?

Le drainage de la cavité arachnoïdienne, effectué
peu de temps après la fracture, permet aux éléments
microbiens et aux toxines développés dans le foyer osseux d'être éliminés à mesure de leur apparition dans
le liquide céphalo-rachidien ; au lieu de prospérer par
une culture dans un milieu fermé, les agents infectieux
sont entraînés au dehors ; c'est l'application d'une méthode qui a fait ses preuves dans toutes les séreuses ».

Deux fois Vincent a eu l'occasion d'appliquer ce
traitement dans les fractures de la base, le premier cas

suivi de guérison, le second de mort par encéphalite
tardive.

L'intérêt de ces deux cas est grand, aussi nous les
reproduisons in-extenso avec les réflexions qu'ils sug-
gèrent à leur auteur. Nous verrons que la méthode peut
être incriminée comme cause de la mort du second
opéré.

———

OBSERVATION I

(VINCENT. — Revue de Chirurgie, 1909)

M. X... âge de 6o ans environ, de passage à Alger,
se trouvait le 23 février 1908 sur la remorque d'un
tramway en marche, lorsqu'il voulut passer, en suivant le marchepied, sur la voiture de devant ; il perdit
l'équilibre et en tombant, la tête porta sur le sol.

Il fut relevé sans connaissance et transporté immédiatement dans une clinique particulière ; il était dans
un état comateux, le sang coulait assez abondamment
par l'oreille droite ; il y avait dans l'arrière gorge des
mucosités sanguinolantes. On lui fit aussitôt une irrigation dans l'oreille droite et on lui insuffla une pou-
dre antiseptique dans les narines.

Je le vis le lendemain ; les mêmes phénomènes per-
sistaient ; le malade était sans connaissance ; cependant
on déterminait une sorte de grognement de défense en
pressant sur la région occipitle droite ; à ce niveau on

constatait des signes de contusion des parties molles
sans plaie ; le cuir chevelu était œdématié, et par la
pression avec le doigt on percevait une fausse sensation de dépression de l'os sous-jacent.

L'écoulement du sang qui se continuait par l'oreille
et par la trompe dans le pharynx, l'état comateux per-
sistant, les circonstances de l'accident concordaient
pour faire admettre l'existence d'une fracture irradiée
à la base du crâne ; bien que les téguments ne fussent
que contusionnés mais sans présenter la moindre solution de continuité, je crus devoir procéder immédiatement à l'ouverture du crâne.

Trépanation le 24 février 1908. — L'incision des
parties molles et le décollement du périoste permettent
de reconnaître l'existence d'une fissure de l'occipital
dirigée en bas et un peu à droite ; à mesure qu'elle
s'éloigne vers la base, les bords s'écartent de plus en
plus et à une distance de quelques centimètres, l'écartement est assez marqué pour qu'on puisse introduire
un fin stylet entre les lèvres osseuses. Une ouverture
est faite a 1 trépan au départ de cette fissure, puis elle
est agr a ie à la gouge coupante ; la dure-mère apparaît intacte sans épanchement extra-dure-mérien ; cette
enveloppe est incisée dans toute l'étendue de l'ouverture osseuse ; il n'y a pas non plus de sang accumulé
au-dessus d'elle. Dans le but de drainer la cavité arachnoïdienne, je laisse la dure-mère ouverte et je place un
drain tout contre l'encéphale ; quelques points de suture au crin de Florence diminuent l'étendue de la
plaie cutanée.

Pendant quelques jours, la situation se modifie à peine ; la perte de connaissance persiste, bien que le blessé réagisse de plus en plus contre les excitations extérieures ; au bout de 8 à 10 jours, il reprend ses sens, reconnaît les personnes qui l'entourent, mais il s'exprime avec une grande difficulté ; il ne retrouve pas un certain nombre de mots et souvent donne des noms mal appropriés aux objets usuels. Ces troubles persistent pendant un mois environ, mais avec une atténuation graduelle.

L'otorrhagie a duré plusieurs jours, mais en diminuant d'une façon progressive ; l'expectoration sanguinolente a été plus longue à disparaître ; il en existait encore des traces vers le huitième jour. Pendant l'évolution de ces accidents, il n'y a eu ni nausées, ni vomissements ; on n'a pas constaté la moindre élévation de température ; en somme, malgré la large communication du foyer de la fracture avec l'extérieur par l'oreille moyenne, il ne s'est produit aucun phénomène d'infection méningée.

Le drain a été supprimé le douzième jour ; la plaie était complètement cicatrisée quelque temps après. Le blessé a pu quitter la clinique et retourner en France en parfait état, sauf quelques troubles de l'ouïe du côté droit.

J'ai eu de ses nouvelles par une lettre que m'adressait sa fille à la date du 9 décembre 1908. « Je suis heureuse de vous dire que mon père n'a conservé que de légères traces de son accident ; son état général est parfait, le sommeil est bon, l'appétit solide et depuis

longtemps déjà il a repris la direction de ses affaires
dont il s'occupe avec la même activité que par le passé.
Durant de longs mois, je l'ai entendu se plaindre de
bourdonnements d'oreille ; ce qui paraît avoir cessé
vers la fin du mois de septembre en même temps que
disparaissait la surdité de l'oreille droite ».

J'ai prié mon opéré de me fournir des résultats de
l'examen de ses oreilles par un spécialiste ; voici la note
qui lui a été remise le 18 décembre par le Dr Lumi-
nau, de Versailles ; « M. X... présente des deux côtés
de la sclérose de l'appareil auditif. L'audition est réduite d'environ moitié de l'acuité normale pour l'oreille
droite et d'un tiers seulement pour l'oreille gauche ;
du côté gauche l'aspect du tympan est normal ; les
réactions au diapason sont normales. Du côté droit le
tympan est épaissi et les osselets sont ankylosés ; au
diapason le Rinne et le Gellé sont négatifs. De ce côté,
le malade accuse quelques bourdonnements intermit-
tents ; à noter quelques légers vertiges quand le malade fait un effort ou se remue brusquement ».

En résumé, chez ce blessé les craintes d'infection
étaient sérieuses puisque la fracture a traversé l'oreille
moyenne et qu'elle a communiqué largement avec l'extérieur par la déchirure du tympan et par la trompe
d'Eustache, ainsi que l'a montré la persistance de
l'écoulement sanguin par ces deux voies ; l'écartement
des fragments était considérable, comme l'a fait voir
le débridement des parties molles nécessité par la trépanation. Malgré ces conditions fâcheuses, la guérison

s'est faite sans la moindre réaction méningée, grâce au drainage intra-crânien.

OBSERVATION II

(VINCENT. — Prise par M. Lombard, interne de service)

Il s'agit, d'un homme de 32 ans, cocher, sans antécédents pathologiques, entré à la clinique chirurgicale le 19 novembre 1908, et qui la veille a été trouvé inanimé au bas de la soupente sous laquelle il avait l'habitude de coucher.

Au moment où on l'examine, trente heures après l'accident, il est encore dans un état de demi-coma, de torpeur cérébrale qui ne lui permet que d'entr'ouvrir les yeux quand on l'appelle par son prénom. On constate l'existence d'une plaie contuse de forme triangulaire dans la région pariéto-occipitale droite, exactement située à 7 centimètres en arrière du sillon rétro-auriculaire, à 6 centimètres au-dessus d'une ligne prolongeant en arrière l'apophyse zygomatique ; cette plaie n'a pas été nettoyée ; elle n'est recouverte que d'un linge d'une propreté douteuse. Il n'y a pas d'ecchymose conjonctivale, ni pharyngée, mais une otorrhagie assez abondante ; sang pur ne paraissant pas mélangée de liquide céphalo-rachidien.

Les pupilles égales réagissent régulièrement ; pas de phénomènes de contracture au niveau des membres ;

pas de modification des réflexes ; ni vomissements, ni troubles sphinctériens. Le pouls régulier bat 56 pulsations à la minute ; la tempéarture est à 37°2.

En raison de la plaie des téguments et de la fracture de la base, M. le professeur Vincent décide d'intervenir immédiatement.

Trépanation le 19 novembre 1908. Anesthésie au chloroforme. Après désinfection soigneuse du cuir chevelu, la plaie est dénudée et l'on met à découvert un trait de fracture, une fissure qui se dirige en bas et en avant vers l'apophyse mastoïde ; l'extrémité supérieure répond à la partie moyenne de la plaie, c'est-à-dire est située à 6 centimètres au-dessous de la suture sagittale. Application d'une couronne de trépan à ce niveau, puis agrandissement de l'ouverture avec la pince-gouge. La dure-mère apparaît animée de battements ; elle est incisée en croix ; il n'y a pas d'hématome sous-dural ; le cerveau est d'apparence normale. Un drain est placé dans la cavité arachnoïdienne et un autre dans le tissu cellulaire sous-cutané ; les téguments sont partiellement suturés.

Dans la soirée, le thermomètre marque 38°6 ; il y a eu quelques vomissements dus à l'anesthésie.

20. — Le malade est dans le même état ; le pansement imbibé de sang et de liquide céphalo-rachidien est renouvelé. Température 38°3 et 38°6. Pouls, 68. Lavement purgatif.

21. — Le malade revient à lui ; il saisissait le verre qu'on lui tend et boit seul, mais il ne paraît pas comprendre ce qu'on lui demande. Nouveau pansement ;

il y a un peu de pus dans l'orifice du drain cutané ; il faut se rappeler que la plaie avait été souillée après le traumatisme et qu'elle n'avait été désinfectée que tardivement. L'otorrhagie persiste. Pouls, 54. Température, 38° et 37°9.

On fait une ponction lombaire. Le liquide qui s'écoule avec une pression normale, est légèrement hémorrhagique. Après centrifugation, on trouve dans le culot de nombreux globules rouges non déformés et quelques rares globules blancs ; il n'y a pas de réaction polynucléaire. Une certaine quantité de ce liquide est ensemencé sur différents milieux ; ceux-ci sont restés stériles. Une autre partie est inoculée dans le péritoine et sous la peau de deux rats et de deux cobayes ; aucun de ces animaux n'a été malade.

22. — Même état. Dans la soirée, le malade a présenté à un moment des contractions brusques dans les muscles de la moitié droite de la face ; les contractions qui ne se sont pas propagées, n'ont duré que quelques secondes. Pas de trouble des sphincters. Pouls, 60. Température, 37° et 37°9. L'otorrhagie a cessé.

24. — L'état de torpeur cérébrale se dissipe ; le malade semble se rendre compte de ce qui se passe autour de lui ; il essaie de parler, mais il ne peut qu'émettre des sons inintelligibles.

25. — Dans la soirée d'hier, il s'est produit une légère élévation de température, 37°6 ; il y a un peu de rougeur autour de la plaie qui est désunie à une extrémité pour évacuer quelques gouttes de pus. Pas de phénomènes méningés, ni raideur de la nuque, ni

troubles oculaires, ni paralysie des membres. Le pouls est régulier à 59. Température, 37°2.

28. — Le malade comprend la plupart des questions qu'on lui pose ; il commence à parler et peut dire oui et non. Pas de fièvre ; pouls à 60. Au régime lacté des premiers jours on commence à substituer des potages légers et des purées.

30. — L'amélioration de l'état psychique s'accentue tous les jours ; le malade essaie de répondre aux questions qu'on lui pose et qu'il comprend parfaitement ; il est capable d'écrire correctement les mots qu'il ne peut énoncer ; c'est ainsi qu'il écrit aujourd'hui son nom, sa profession, le lieu de sa naissance. La plaie commence à se cicatriser ; on laisse toujours les deux drains dans la plaie ; le pansement est moins rapidement imbibé que les premiers jours.

2 décembre. — Le mieux s'accentue. Beaucoup de mots inintelligibles.

3. — Voici le résultat de l'examen fait par le docteur Dumolard ; pas de surdité verbale, pas de cécité verbale. Aphasie motrice pure. Pas d'hémianopsie. Pupilles réagissant normalement. Aucun trouble moteur du côté des membres, pas de troubles de la sensibilité.

5. — La plaie est en bonne voie de cicatrisation ; le drain sous-cutané est enlevé ; on laisse le drain profond.

8. — L'état du malade s'améliore tous les jours ; il parle maintenant à peu près correctement ; cependant quelques mots lui manquent encore, surtout les mots peu usités.

18. — Le drain profond est retiré ; la plaie bourgeonne rapidement.

19. — Le malade peut être considéré comme guéri : la plaie est à peu près complètement cicatrisée ; il ne reste au niveau de la plaie du crâne qu'un simple bourgeon.

C'est ainsi que se termine la première partie de l'observation ; on crut à la guérison, et le blessé qui ne gardait plus le lit et se promenait continuellement dans l'hôpital, fut abandonné à lui-même ; ce fut un grand tort, comme le démontre la suite des événements.

Le blessé considéré comme guéri, fut conduit le 29 décembre chez le docteur Lucas, qui eut l'obligeance de procéder à un examen complet de l'appareil auditif. Il trouva à droite un tympan rosé épais, avec les traces d'une perforation cicatrisée ; la chaîne des osselets était immobilisée ; mais si la caisse était lésée, le nerf avait conservé son intégrité.

Quelques jours après, le malade se plaignit d'une céphalée péri-orbitaire d'abord légère, qui s'accentua et devint assez vive le 10 janvier.

Le 11, le malade très abattu est resté couché, la céphalée a augmenté ; ses réponses sont difficiles, le regard est hébété ; il a de la raideur de la nuque ; le signe de Kernig est ébauché ; pas de Babinski ; le côté gauche du corps est le siège de contractures ; les pupilles sont égales et réagissent bien à la lumière.

A l'examen du crâne, le pansement étant défait, on trouve au niveau de l'ancienne plaie opératoire un petit bourgeon charnu ; les cheveux noirs, rasés depuis plusieurs jours, ont poussé et sont agglutinés par des squames, indiquant le défaut de propreté et l'insuffisance du pansement. On sent au-dessous de la peau cicatrisée que la masse cérébrale sous-jacente est hypertendue. On décide d'intervenir aussitôt ; après un nettoyage complet de la région, on incise la cicatrice et on retire un peu de substance cérébrale ramollie. Drainage.

12 janvier. — La température est à 38°3 ; le pouls à 88 ; moins d'agitation.

13. — Température 37° ; pouls 74 ; état général meilleur ; le malade parle et reconnaît les personnes qui l'entourent.

14. — Température 37°3 ; pouls, 78 ; l'état général est bon, mais le cerveau fait hernie par la plaie.

15. — Température 39° ; pouls 96 ; coma.

16. — Température, 40°. Mort.

Autopsie. — Fracture de la voûte irradiée à la base, ayant comme point de départ l'orifice de la trépanation et comme point d'arrivée la fosse cérébrale moyenne.

Il y a un foyer d'encéphalite limité au niveau du point trépané ; le reste des méninges ne semble pas enflammé.

Deux causes peuvent expliquer les accidents tardifs qui ont amené la mort ; d'une part l'infection du début au niveau de la plaie qui est restée pendant trente heures après l'accident sans pansement et recouverte d'un linge malpropre ; d'autre part le défaut de soins locaux à la fin de décembre, alors que le blessé semblait guéri ; il s'est fait ainsi une infection tardive au

niveau du bourgeon qui avait persisté sur un point de
la cicatrice. Comme le malade était toujours hors et souvent loin de son lit, j'avais cru à une cicatrisation définitive et on ne m'avait pas signalé la persistance d'un
bourgeon ; un coup de curette pour l'enlever, un pansement convenable et des soins de propreté auraient
probablement évité la complication mortelle. Peut-être
aussi eût-il été prudent d'ajouter une trépanation du
côté opposé dès le 11 janvier, à l'apparition des phénomènes de réaction méningée.

Malgré la terminaison fâcheuse survenue chez mon
second opéré, dit Vinvent, je ne crois pas qu'on puisse
en tirer un argument contre la méthode thérapeutique
que je viens de défendre, d'autant plus que celle-ci
peut être étayée par d'autres considérations. »

La lecture de cette observation nous amène à un avis
contraire : il semble que cet opéré est mort d'une encéphalite *bien limitée au point trépané* et due à une
infection secondaire venant de la plaie elle-même.
Rappelons en effet que le blessé avait une plaie traumatique souillée, et désinfectée tardivement ; que la
plaie opératoire avait les bords rouges le sixième jour ;
qu'on a dû la désunir partiellement pour évacuer du
pus. Cette infection de la plaie opératoire, conséquence
elle-même du traumatisme, a été atténuée grâce aux
pansements, mais a persisté, provoquant au contact
de l'encéphale la production de bourgeons charnus,
proliférations de tissus septiques qui sournoisement ont
été cause de l'encéphalite mortelle.

Il n'est pas téméraire d'affirmer que ce blessé si

longtemps en état satisfaisant après la trépanation eût guéri sans elle, et que l'intégrité de ses méninges à l'autopsie prouve bien que l'infection encéphalique qui l'a emporté n'avait d'autre cause que l'infection locale et secondaire de la plaie opératoire.

Ce fait, sans diminuer la valeur à priori de la méthode de Vincent, prouve qu'elle peut n'être pas inoffensive, et qu'on doit en tenir compte en discutant les indications dans les fractures de la base du crâne.

CHAPITRE II

En somme les divers traitements que nous venons de passer en revue peuvent se résumer ainsi :

1° Abstention opératoire. Simple désinfection médicale des cavités de la face, à laquelle nous ajouterons la ponction lombaire.

2° Trépanation préventive et large de la base du crâne, genre Pilcher.

3° Trépanation d'emblée limitée au trait de fracture avec ou sans drainage des méninges, méthodes de Cushing, de Vincent.

. Enfin, nous devons encore indiquer les trépanations faites en pleine méningite, bien qu'à vrai dire elles ne soient pas le traitement de la fracture, mais plutôt d'une complication.

Jusqu'à ces derniers temps, seules étaient justiciables d'une intervention parmi les fractures de la base du crâne :

1° Les fractures ouvertes au niveau des téguments.

2° Les fractures accompagnées de symptômes localisés de compression.

3° Les fractures compliquées de méningo-encéphalite.

A titre de document, nous reproduisons une observation de Lenormant, où l'intervention était motivée par ces indications classiques de : plaies des téguments et symptômes localisés de compression.

—————

OBSERVATION III

Fracture par enfoncement de la voûte du crâne avec fissure irradiée à la base. Intervention. Guérison. Par M. Lenormant, chirurgien des hôpitaux (Société de chirurgie 1905).

Eugène T... 35 ans, entre le 8 juin 1904, à l'hôpital Lariboisière, salle Ambroise Paré.

La veille, dans l'après-midi, cet homme avait été blessé par la chute de la flèche d'un tramway électrique à Trolley, et la lourde poulie de métal de cette perche était venue le frapper violemment à la région pariéto temporale droite. Il ne perdit pas connaissance immédiatement et fut transporté dans une pharmacie où il eut une syncope de courte durée ; puis il fit à pied, 200 mètres environ pour rentrer chez lui.

Pendant la nuit, il souffrit de diverses douleurs de

tête, et eut, à plusieurs reprises, des nausées et des vomissements. Le lendemain, il se faisait conduire à
l'hôpital.

Au moment de sa rentrée, ce malade présentait une
série de symptômes locaux et de troubles fonctionnels,
permettant d'affirmer l'existence d'une fracture du
crâne.

Localement on constate au niveau de la région pa-
riéto-temporale droite, un volumineux épanchement
sanguin sous-cutané au-dessous duquel il semble que
la voûte crânienne présente une dépression ; la palpa-
tion à ce niveau est douloureuse ; il existe en outre, au
milieu de la fosse temporale, une plaie linéaire de 3 ou
4 centimètres qui paraît superficielle.

Le blessé n'a eu ni otorragie, ni épistaxis, mais il
présente à la partie inférieure et externe de l'œil droit
une ecchymose sous-conjonctivale rouge vif ; l'ecchymose palpébrale n'existait pas encore à ce moment ;
mais elle apparut dans les jours suivants, encerclant les
deux yeux comme une paire de lunettes.

Les troubles fonctionnels les plus nets portent sur
la motilité. Il y a une paralysie faciale gauche complète, et absolument évidente. Du côté des membres
inférieurs, rien ; du côté du membre supérieur gauche, il n'y a pas de paralysie, mais une certaine incoor-
dination des mouvements : quand on dit au malade de
serrer la main, il tâtonne et ne peut trouver la main
de son interlocuteur, mais, lorsqu'on la lui a donnée,
il la serre avec autant de force que du côté sain.

Le blessé n'est pas dans le coma, mais il est somnolent et ne se souvient plus des circonstances de l'accident. La parole est embarrassée, bredouillée.

Température, 38°2.

La concordance des symptômes locaux et des troubles fonctionnels présentés par ce blessé permettant d'affirmer une fracture du crâne. Le siège de la lésion à la partie inférieure de la fosse temporale correspondait bien à la compression par les fragments enfoncés ou par un caillot, de la partie inférieure et antérieure de la zone rolandique : d'où la paralysie faciale contralatérale et l'embarras de la parole dépendant, peut-être, d'une paralysie partielle des muscles de la langue, tandis que les centres moteurs des membres, plus haut situés, restaient indemnes.

Le siège de la fracture, à droite, expliquait l'absence d'aphasie.

Dans ces conditions, une intervention sur le foyer de fracture paraissait absolument indiquée.

Opération le 8 juin, à six heures du soir ; chloroforme. On taille au niveau de la région temporale un lambeau cutané convexe à pédicule inférieur, qui, rabattu, découvre le muscle ; celui-ci est réduit en bouillie, infiltré de sang, il est désinséré à la rugine, et au-dessus de lui, on constate une large fracture étoilée, occupant toute l'écaille temporale et la partie inférieure du pariétal ; tous les fragments sont profondément enfoncés au niveau du centre de l'étoile.

Un premier fragment est soulevé, assez difficilement, avec la rugine faisant levier ; puis les autres sont enlevés facilement : il reste alors dans la voûte crânienne une perte de substance large comme une paume de main, à travers laquelle on aperçoit la dure-mère. Peut-être eût-il mieux valu essayer de relever les fragments sans les enlever, mais leur nombre, leurs faibles dimensions, la nécessité de voir l'état des organes sous-jacents, nous ont fait préférer l'ablation

Entre la dure-mère et l'os fracturé, il n'y a pas le gros caillot classique, le sang ayant pu filtrer dans l'écartement des fragments ; mais toute l'étendue de la dure-mère mise à découvert est tapissée de caillots noirs en nappe mince ; une artériole méningée donne un jet de sang et est saisie dans un point de catgut.

La dure-mère est intacte partout, sauf à la partie toute supérieure du foyer, où elle présente une section linéaire de trois centimètres environ, laissant écouler du liquide céphalo-rachidien ; cette petite plaie est fermée par quelques points de catgut.

Les débris du muscle temporal et le lambeau entamé sont ensuite rabattus sur la perte de substance crânienne et fixés par des crins le Florence. En arrière, on laisse passer une mèche de gaze qui va tamponner le foyer.

Les suites opératoires ont été excellentes. La mèche fut enlevée le troisième jour. La température n'a jamais dépassé 37°8 Les fils cutanés ont été enlevés le huitième jour ; réunion par première intention.

La paralysie faciale a complètement disparu au bout de quarante-huit heures. Le lendemain de l'opération, le malade présentait un certain degré de parésie d'un membre supérieur gauche, due peut-être à la compression par la mèche ; elle disparut facilement sans laisser de trace. L'embarras de la parole a persisté pendant une semaine environ. L'état psychique est redevenu absolument normal et le malade a pu nous raconter lui-même tous les détails de son accident.

Le 25 juin, il quittait l'hôpital parfaitement guéri, obligé seulement de porter une plaque protectrice au niveau de son orifice crânien.

En dehors de ces trois indications, y a-t-il lieu de faire, en l'absence de toute complication infectieuse, une opération préventive comme le conseillent Vincent, Cushing, pour en empêcher le développement ?

Avant d'entrer dans le vif de la discussion, deux remarques :

1° La difficulté de diagnostic de certaines fractures de la base du crâne, leur peu de symptômes, l'absence de tout signe de communication avec les cavités de la face. Dans ce cas l'on ne peut songer à une intervention.

2° L'innocuité des trépanations préventives destinées à combattre l'infection possible des fractures de la base du crâne n'est pas absolue, et je n'en veux pour preuve que la deuxième observation de Vincent que nous avons discuté plus haut. On ne peut donc pas pour combattre un danger hypothétique, exposer sans motif sérieux le blessé à un danger minime, mais certain.

La discussion de l'opportunité d'une intervention préventive, ces deux remarques faites, se trouve limitée aux fractures de la base du crâne non compliquées de plaie, de compression cérébrale ou d'infection.

Ces fractures simples peuvent être ouvertes ou fermées :

1° Fractures fermées. — Ces fractures, avons-nous dit, sont rares, mais elles existent ; ce sont celles de l'étage antérieur qui n'ouvrent pas les fosses nasales, et celles de l'étage postérieur qui n'atteignent pas un rocher ou l'autre. Elles peuvent d'ailleurs passer inaperçues, et en réalité, faute de symptômes suffisants, on les soupçonnera plus souvent qu'on ne les affirmera. Mais que l'on soit arrivé à la certitude où que l'on ait seulement des probabilités, il est évident qu'à priori il n'y a aucune raison d'intervenir ; l'opération ne peut être indiquée que par des événements à suivre et qu' en l'espèce seront dus le plus fréquemment à une hémorrhagie venant à produire des phénomènes de compression.

Le repos formera le fond du traitement avec les indications du moment (traitement du shock) ; cependant il sera prudent de faire au moins des lavages des cavités de la face ; car à vrai dire l'on ne sait jamais, d'une part, à quelle distance de celles-ci passe le trait de fracture et, d'autre part, il est avéré que l'infection peut se propager à travers une certaine épaisseur de tissus indemnes. S'il survient des phénomènes de compression, l'on pourra, soit se contenter de la ponction lombaire, soit recourir à une opération sanglante.

Fracture fermée : Abstention opératoire ; voilà qui est net. Mais s'il est facile dans ce cas de déterminer la conduite à tenir, il n'en est plus de même dans celui des fractures ouvertes ; et ici la discussion reprend tous ses droits.

2° *Fractures ouvertes*. — D'abord, ce que nous devons chercher, ce n'est pas un mode de traitement universel, applicable à tous les cas ; ici, comme ailleurs, le parti pris est une chose mauvaise et il faut être éclectique. On doit savoir s'inspirer des circonstances, et en suivant de très près les symptômes, appliquer un traitement approprié ; c'est d'ailleurs cette manière de procéder qui fait le bon thérapeute aussi bien chirurgical que médical. En conséquence, nous ne chercherons pas quel est celui des traitements proposés qui est le meilleur, mais plutôt quelles peuvent être les indications de chacun de ces traitements.

A. — ABSTENTION OPÉRATOIRE

a) *Fractures sans gravité*. — Dans les fractures de la base du crâne, l'infection étant fréquente, et celle-ci une fois déclarée, le plus souvent mortelle, il semblerait que l'abstention opératoire devrait être écartée d'emblée ; telle est l'opinion de Vincent. Et elle serait évidemment indiscutable si l'infection était fatale et fatalement mortelle, mais ni l'un ni l'autre cas n'est formel. Les fractures ouvertes de la base communiquent avec des cavités septiques, c'est vrai, mais généralement peu septiques, contenant des germes peu virulents en raison de l'action microbicide des sécrétions des muqueuses. Nous avons donc des chances de

les aseptiser par des moyens médicaux, lavages surtout, ou au moins d'atténuer suffisamment la virulence
déjà faible de ces germes pour que l'organisme puisse
lutter efficacement contre les dangers de l'envahisse-
ment par eux du foyer de fracture. Et au fait on évite
assez souvent ainsi la méningite, et des fractures
même graves de la base du crâne ont pu guérir sans
intervention sanglante. En voici trois observations dues
au docteur Martin, et combien d'autres on en pourrait
fournir !

OBSERVATION IV

(Dr MARTIN. Inédite.)

Fracture de la voûte du crâne avec plaie dans la région pariétale droite ; irradiation à l'étage moyen de la
base du crâne. Guérison.

« M. X..., cocher de fiacre, âgé de 50 ans, tombe de
son siège lors d'un dérapage de sa voiture sur des rails
et reçoit de plus un choc violent du marchepied sur la
région pariétale droite.

Le blessé ne perd pas connaissance et peut remonter
sur son siège et rentrer chez lui.

Je le trouve pâle, syncopant, inondé de sang. A travers la plaie du cuir chevelu, l'on voit et l'on sent une
fracture du pariétal droit dont le trait est obliquement
dirigé en bas et en avant vers la région temporale. Le
bord postérieur est légèrement enfoncé.

Après nettoyage de la plaie et pansement aseptique, mon attention est attirée par la persistance d'une hémorragie dans le conduit auditif et l'expulsion de crachats sanguinolents.

Il est probable qu'il existe là une irradiation à la base du crâne de la fracture de la voûte.

Cette probabilité est confirmée les jours suivants par l'apparition d'une ecchymose palpébrale et la persistance de l'otorrhagie.

La guérison se fait cependant en trois semaines, sans complication : la désinfection des cavités oto-rhino-pharyngées ayant suffi pour éviter l'infection des méninges.

Ce résultat est d'autant plus remarquable que le cas était grave, avec plaie de tête rendant la fracture de la voûte ouverte ; il était à craindre que les phénomènes infectieux apparussent ; la résolution était prise d'intervenir au moindre symptôme inquiétant, à la moindre alerte. »

OBSERVATION V

(Dr MARTIN. Inédite.)

Fracture de la base du crâne à droite. Otorrhagie. Ecchymose mastoïdienne. Guérison spontanée.

M. X..., âgé de 23 ans, tombe de motocyclette en avril 1902 ; relevé sans connaissance, il reste somnolent, inconscient pendant trois jours.

Un écoulement sanguin existe au moment où je vois le blessé, quelques heures après l'accident ; l'hémorragie est indépendante de toute lésion des téguments et vient nettement de la caisse à travers le tympan déchiré.

Le diagnostic de fracture du rocher droit presque admis, est affirmé tous les jours suivants par la persistance de l'hémorragie et l'apparition d'une ecchymose mastoïdienne.

Comme traitement, l'on se contente de désinfecter les cavités auriculaires et naso-pharyngiennes par des lavages d'eau chloralée et des gouttes phéniquées dans l'oreille, la pommade mentholée dans le nez.

Aucune complication infectieuse ne survient ; le rétablissement est complet en trois semaines ; le blessé ne conserve de son accident qu'un peu de diminution de l'acuité auditive du côté droit.

OBSERVATION VI

(Dʳ Martin. Inédite.)

Fracture de la base du crâne avec paralysie faciale tardive. — Guérison spontanée.

« Un carrier de 36 ans tombe sur l'occiput d'une hauteur de trois mètres ; et après un éblouissement de quelques minutes, il peut se relever et demander du secours,

Hospitalisé et maintenu en observation pendant quelques jours, le blessé ne présente d'abord aucun symptôme net de fracture du crâne et se plaint seulement d'une céphalalgie vive et de raideur de la nuque ; les mouvements spontanés et provoqués du cou sont douloureux.

Le huitième jour apparaît une paralysie faciale gauche d'origine périphérique et qui permet d'affirmer la fracture du rocher gauche que l'on ne pouvait que soupçonner.

La désinfection des cavités de la face et de l'oreille avait été faite avec soin de crainte de toute complication infectieuse du côté de la fracture possible de la base du crâne.

Le blessé guérit sans incident. »

B. — Diagnostic incertain ou impossible

La possibilité de la guérison des fractures de la base du crâne étant ainsi bien établie, remarquons dans la dernière observation l'incertitude du diagnostic au début. Cette incertitude, nous l'avons déjà vu, est fréquente dans la pratique. Elle ne doit pas constituer cependant une indication absolue d'abstention opératoire.

L'observation suivante due au Dr Martin est intéressante à ce point de vue ; bien qu'il s'agisse d'un coup de feu dans l'orbite, ce cas peut rentrer dans notre discussion, les conditions cliniques du fait étant analogues à celles des fractures ordinaires de la base du crâne.

OBSERVATION VII

(Dr Martin. Inédite.)

Fracture de la lame criblée de l'ethmoïde par un grain de plomb ayant traversé l'orbite. — Diagnostic tardif, à l'apparition d'une méningo-encéphalite mortelle débutant le huitième jour.

« M. de Ch. reçoit à la chasse un grain de plomb dans l'orbite droite. Les témoins de l'accident pensent que ce grain de plomb s'est égaré par ricochet et évaluent à 60 ou 80 mètres environ la distance entre le fusil et le blessé. D'après ces commémoratifs la force de pénétration du projectile était minime.

Le plomb a pénétré dans l'œil droit en dehors et au-dessous de la cornée ; son point de pénétration est nettement visible sur la conjonctive oculaire. La vision est abolie ; les milieux de l'œil infiltrés de sang empêchent tout examen intra-oculaire.

Peu de douleur, pas de fièvre, aucun symptôme cérébral, pas d'épistaxis.

Il paraît infiniment probable que le plomb est resté dans l'œil, ou que suivant un trajet oblique à gauche, en haut, en dedans et en arrière, il est allé s'aplatir sur la paroi interne de l'orbite.

Huit jours se passent ainsi sans aucun phénomène pouvant faire penser à une lésion de la base du crâne.

Le huitième jour, le blessé soigné jusque là pour son œil exclusivement par le Dr Vinsonneau, dit avoir eu dans la journée *un écoulement d'eau par le nez* en faisant des efforts pour aller à la selle.

Mon confrère pense immédiatement à la possibilité d'un écoulement de liquide céphalo-rachidien à travers une fracture de la lame criblée de l'éthmoïde, et prévient la famille de la possibilité d'une complication de méningo-encéphalite.

Le lendemain je suis appelé en consultation avec le D' Vinsonneau, et nous constatons de visu la réalité d'un abondant écoulement de liquide céphalo-rachidien par la narine droite ; près de 120 grammes sont ainsi recueillis en quelques instants. Ce liquide est clair, transparent, plus teinté cependant qu'il ne l'est naturellement. Cet écoulement est revenu, dit le malade, à plusieurs reprises depuis la veille, pendant les efforts et la station debout ou assise ; il cesse dans le repos couché.

La situation jusqu'à hier si bonne est préoccupante ; le blessé a de la céphalalgie, un peu de torpeur, de la bizarerie du caractère ; il a moins bien dormi — pas de température, pouls à 80.

Ces troubles encore légers, et surtout l'énorme surproduction de liquide céphalo-rachidien nous semblent indiquer le début d'une infection des méninges.

Liquide examiné dans la journée par le D' Dénéchau — donne une culture de streptocoques.

Une intervention est proposée à la famille qui la refuse. Nous assistons donc impuissants à l'évolution d'une méningo-encéphalite avec tout le cortège habi-

tuel ; et le blessé meurt huit jours plus tard dans le
coma.

Une trépanation de l'étage antérieur de la base du
crâne eût peut-être sauvé le blessé, faite dès l'apparition
du symptôme révélateur (écoulement du liquide ca-
phalo-rachidien) de la fracture de la base du crâne ;
mais jusque là aucun signe ne permettait de croire à
cette fracture et de discuter l'opportunité d'une intervention.

C. — Diagnostic certain

Si le diagnostic est net d'emblée, l'abstention nous
semble encore indiquée dans les cas de traumatismes
légers : choc, ou contusion peu violente, coma peu profond, hémorrhagies faibles, et à fortiori lorsque ces
symptômes n'existent pas.

Mais il est bien entendu que cette abstention opératoire n'en comporte pas moins tous les soins médicaux
indiqués par les classiques, et surtout qu'elle est et reste
une expectation armée, le chirurgien se tenant prêt à
opérer à la moindre menace de complication, surtout
infectieuse.

B). — INTERVENTION

a) Menace de complications

Si cette menace de complications apparaissait, il faudrait donc intervenir ; et contrairement à ce que l'on pensait autrefois, l'on peut encore sauver le blessé, à la condition d'agir tôt « à la moindre alerte » et de trépaner largement, ce qui semble une importante condition de réussite.

Il y a lieu de distinguer les complications par hémorrhagies et compression et les complications par infection.

A l'appui de l'intervention dans les cas de la première catégorie je signalerai les faits suivants :

Dans le Journal de chirurgie de 1909, Tome I, Bernard Cunéo rappelle un article de Luxembourg sur « la trépanation dans les fractures de la base du crâne » (Deutsche Zeitschrift) où il est rapporté cinq observations de trépanation pour fractures de la base du crâne. Dans les cinq cas on intervint en raison des signes de compression cérébrale. Dans quatre cas on trouva un épanchement extra-dural. L'origine de l'hémorrhagie paraît avoir été, dans deux de ces cas, une lésion du sinus transverse. Elle ne fut pas nettement établie dans les deux autres. Dans une de ces observations seulement la dure-mère fut incisée et on évacua par cette ouverture des caillots en assez grande abondance. Dans le cinquième cas, il n'y avait pas d'épanchement épidural, et l'incision de la dure-mère ne laissa rien écouler. Ces cinq cas se sont terminés par la guérison. »

En parallèle avec ces opérations pour phénomènes de compression nous pouvons placer la ponction lombaire, et en sa faveur je rappellerai les neuf observations de Muret rapportées par Auvray et signalées précédemment.

Il y aurait lieu de discuter encore sur la préférence à accorder à la trépanation ou à la ponction lombaire, mais les observations relatives à celle-ci sont réellement en nombre insuffisant.

On pourra toujours y avoir recours au moins dans les cas dans lesquels le pronostic ne semble pas trop sombre, sauf à recourir à une intervention plus radicale si l'on n'obtient pas des résultats satisfaisants.

Plus intéressantes pour nous sont les observations suivantes relatives à la *complication infectieuse* et qui prouvent parfaitement que celle-ci même très avancée peut parfois être enrayée.

Respectant l'ordre chronologique, je rappellerai d'abord les observations déjà signalées de Poirier et Mignon auxquelles j'en joindrai trois autres dues au Dr Martin.

OBSERVATION VIII

(POIRIER. *Bulletin de la Société de Chirurgie*, 1901.)

Fracture de l'étage antérieur du crâne, méningite consécutive, trépanation double, guérison.

M. D..., ébéniste, 32 ans, sans tare nerveuse personnelle ou héréditaire, point de syphilis ; habitudes intempérantes ; deux absinthes par jour. Santé jusque-là excellente. Marié depuis trois ans. Père de deux enfants bien portants.

Le 10 décembre, à 6 heures du soir, D... rentrant chez lui en état d'ébriété, glisse dans le couloir de sa maison et tombe sur le côté droit de la tête. Il se relève et monte l'escalier, mais à la hauteur de la quatrième ou cinquième marche, il se sent défaillir et tombe à la renverse. Il fut ramassé par des voisins et conduit chez le marchand de vin. A ce moment, il était sans connaissance et rendait du sang par la bouche. Des agents le firent transporter à Tenon, salle Monthyon. Dès son entrée on constata l'existence d'une double ecchymose palpébrale et l'on inclina vers le diagnostic de fracture de l'étage antérieur de la base du crâne.

Dans les jours suivants, le blessé reprit peu à peu connaissance ; ses journées étaient assez tranquilles, bien qu'il se plaignît beaucoup de la tête ; par contre, les nuits étaient agitées ; la température monta à 38°5 le troisième jour. Ce même jour, un jeudi, pendant la visite, le blessé voulut absolument quitter l'hôpital. Il s'en alla à pied au bras de sa femme. Le lendemain, 14 décembre, il se plaignit seulement de quelques douleurs de tête et se rendit à son travail. Mais la douleur de tête augmenta, accompagnée d'une sensation de tension dans la région orbitaire en même temps que les mouvements des paupières devenaient difficiles et douloureux. Il rentra chez

lui vers midi et se mit au lit. Dans le cours de l'après-
midi, les douleurs de tête augmentèrent en même
temps que survenaient de l'agitation et du subdélire.
C'est dans cet état qu'il fut transporté à Tenon, où il
entra, salle Lisfranc, vers midi.

L'interne le vit à sa contre-visite à 5 heures ; il constata que les paupières et les conjonctives oculaires
étaient le siège d'ecchymoses des deux côtés. Il nota
l'absence de toute trace de sang dans les conduits audi-
tifs, mais remarqua que les fosses nasales étaient rem-
plies de caillots adhérents. Les pupilles également
dilatées réagissaient à la lumière ; il n'y avait point de
trouble apparent de la motilité oculaire.

L'agitation et le délire rendaient l'interrogatoire impossible ; tous les membres s'agitaient également sans
ordre. Les réflexes étaient un peu exagérés ; il n'y avait
point de tremblement. Le pouls était à 60, la température à 39°8.

Le diagnostic fut : fracture de l'étage antérieur de
la base du crâne ; méningo-encéphalite consécutive à
une infection par les fosses nasales.

Le dimanche 16 décembre, six jours après l'accident, l'état ne s'était point modifié.

Je résolus de tenter d'enrayer la complication infectieuse en ouvrant largement la boîte crânienne.
Comme le matin même, j'avais opéré une appendicite
suppurée, je confiai à deux de mes internes, MM.
Prat et Roche, tous les deux bons chirurgiens, la tâche
de trépaner largement.

De chaque côté, au-dessus du trou auditif, deux plaques larges de six centimètres et hautes de cinq furent détachées avec le ciseau et le maillet.

La dure-mère, très tendue, fut incisée crucialement et l'incision donna issue à une notable quantité d'un liquide rougeâtre, légèrement poisseux, analogue à du cassis.

Je dois dire qu'avant de commencer l'opération, on avait eu soin de prélever, par une ponction aspiratrice au niveau de la région lombaire, une certaine quantité de liquide céphalo-rachidien, lequel était venu mélangé d'une notable quantité de sang, en tout semblable au liquide sous-dure-mérien.

De chaque côté, le lobe temporal fut soulevé avec l'index, et la manœuvre donna issue à quelques cuillerées du même liquide.

Deux drains furent placés de chaque côté ; l'un à une profondeur de douze centimètres, entre le lobe sphénoïdal et la tente du cervelet ; l'autre plus court, sous le lobe temporal.

Les suites opératoires ont été simples ; le pouls tomba dès le soir même à 38,2.

Cependant l'agitation fut encore vive pendant la nuit, et le malade arracha son pansement.

Au quatrième jour, la température était à 37° et le pouls à 66.

Depuis, la guérison s'est effectuée normalement.

Aujourd'hui, 16 janvier, trente-six jours après l'accident, je puis vous présenter le blessé ; les fonctions auditives et visuelles sont normales ; la mémoire est bonne.

J'ajoute, complément indispensable, que le liquide
retiré par la ponction lombaire avant l'opération, a
été ensemencé par les soins de M. Lefer sur deux tubes
de gélose et dans deux tubes de bouillon.

Sur un des tubes de gélose et dans les deux tubes
de bouillon, il n'a poussé que du staphylocaque blanc,
mais dans le deuxième tube de gélose, il a poussé des
colonies non douteuses de staphylocoque doré.

Je pense, messieurs, qu'il vous apparaîtra, comme
à moi, que nous avons bien eu affaire, dans ce cas, à
une infection des méninges et que, ayant eu la bonne
fortune d'intervenir à temps et assez largement, nous
avons réussi à enrayer la marche d'une complication
mortelle, et ainsi sauvé notre blessé.

OBERVATION IX

(A. Mignon. *Bulletin de la Société de Chirurgie*, 1904.)

La cause de la fracture est un peu exceptionnelle :

A..., âgé de 23 ans, brigadier d'un régiment de cui-
rassiers, était le 13 février 1904 de planton à la porte
principale d'un quartier de cavalerie, lorsque brusquement, et sous un coup de vent violent, les battants ouverts de la lourde porte de fer se fermèrent. Il voulut
les empêcher de se rencontrer ; mais, en s'avançant, il
eut la tête prise entre les deux battants. Il tomba à
terre et perdit connaissance.

A l'arrivée du blessé à l'hôpital, quelques instants après l'accident, on constata de chaque côté du front deux petites plaies superficielles, verticales et symétriques. C'était évidemment aux extrémités du diamètre transversal du front que la tête avait été serrée. Les paupières des deux yeux étaient le siège d'une ecchymose qui en rendait difficile l'écartement avec les doigts. Le sang coulait abondamment par le nez, mais il n'y avait rien du côté des oreilles. L'état général du blessé se distinguait par une légère excitation ; il remuait les bras et les jambes et paraissait avoir un peu de subdélire. Il demandait constamment à boire, se plaignait de douleurs vives dans les régions antérieure et latérale de la tête et vomissait dès qu'on le soulevait. Le pouls était lent (44), la respiration irrégulière et profonde. Je fis le diagnostic de fracture de l'étage antérieur du crâne avec ouverture de l'ethmoïde.

Le 14 février, continuation de l'hémorrhagie nasale et vomissements fréquents. Calme du malade, grâce à la morphine. Apparition d'une ecchymose sous-conjonctivale à droite, amaurose complète de l'œil droit. Pouls à 48. Une peu de Cheyne-Stoks.

Je remarque à la contre-visite que le malade est couché en chien de fusil et présente le signe de Kernig.

Dans la nuit du 16 au 17, l'agitation s'accentue ; le malade tente à chaque instant de sortir de son lit. On fait une première injection de morphine à 10 heures du soir, et il faut en faire une seconde à 3 heures du matin, à cause des plaintes et des cris répétés.

Le 17 au matin, à l'heure de la visite, et le quatrième

jour du traumatisme, la situation me semble très ag-
gravée. Il gémit constamment et pousse des cris qui
ressemblent aux cris encéphaliques. Il souffre atroce-
ment, dit-il, de la tête et ne peut allonger les jambes.

Le signe de Kernig est, en effet, des plus accentués.
De temps à autre, il a des idées incohérentes et la
sœur de service a remarqué qu'il délirait depuis la
veille au soir.

Les bras et les jambes sont constamment en mouvement et les contractions se sont étendues aux muscles
de la mâchoire inférieure qui tantôt s'abaisse et tantôt
se déplace latéralement. On constate aussi une légère
déviation en haut de la commissure labiale droite. Les
deux pupilles d'une dilatation inégale de 3mm. sont
immobiles, même la gauche. Photophobie marquée.
Quant à la température, elle dépasse la normale pour la
première fois et est à 38. Le pouls est monté de 48 à 76.

J'ai vu dans cet ensemble de symptômes, un début
d'infection méningée. Nous étions au quatrième jour
de la maladie, et en même temps que la température
s'élevait, les signes de l'irritation des méninges se mul-
tipliaient. Cris encéphaliques, douleurs intenses de la
tête, troubles moteurs des membres et de la face, dilatation des pupilles, photophobie.

La double trépanation du crâne et le drainage des
méninges m'ont semblé seuls capables d'enrayer l'infection et de sauver le malade. Je suis intervenu dans
la matinée du 17 ; et j'ai commencé par le côté droit.
J'ai gougé le crâne un peu en avant et à droite de l'at-
tache supérieure du pavillon de l'oreille dans l'étendue

d'une pièce de deux francs, me tenant ainsi en arrière de la branche antérieure de la méningée moyenne. Un épanchement sanguin, d'une épaisseur de deux millimètres environ existait entre l'os et la dure-mère. Je l'ai enlevé avec la curette aussi loin qu'a porté l'instrument. J'ai incisé la dure-mère qui avait un aspect ardoisé et qui ne battait plus. Le premier coup de pointe donna issue à un écoulement séro-sanguinolent en jet, tellement était forte la pression sous-dure-mérienne. J'enfonçai facilement six centimètres d'un petit tube à drainage dans la direction de l'étage antérieur du crâne.

La trépanation du côté gauche fut faite comme celle de droite ; il n'y avait pas de sang sous le crâne, mais la dure-mère était violacée et sans battement. Je l'ouvris et la drainai à droite.

Les deux plaies du cuir chevelu sont restées ouvertes ; pas de sutures.

J'avais fait prendre, au cours de l'opération, deux pipettes du liquide sanguin sortant par les incisions de la dure-mère. Mais cette prise de sang n'a pas été faite dans des conditions satisfaisantes. Aussi ai-je fait pratiquer le lendemain de l'opération une ponction rachidienne dont je donnerai plus loin le résultat.

L'opération a eu des suites très avantageuses. Le malade a dormi, sous l'influence du chloroforme jusqu'à deux heures de l'après-midi. Il a été tranquille à son réveil et a répondu raisonnablement à sa famille. L'agitation est cependant revenue vers dix heures du soir et a nécessité une injection de morphine.

Le 18 février, vingt-quatre heures après l'opération, l'état du malade est très bon ; température 37,4, pouls 60. Pas d'agitation, plus de cris, plus de mouvements de mastication. Signe de Kernig un peu moins prononcé que la veille. Le pansement est traversé par une abondante sérosité roussâtre et je constate, à sa réfection, qu'il suffit d'appuyer un peu fort sur les régions trépanées pour provoquer un mouvement de flexion des membres inférieurs tellement brusque qu'on le croirait produit par un courant électrique.

Le 19, l'amélioration s'accentue. Le sommeil est naturel pour la première fois depuis l'accident. Température, 37,4 ; pouls, 56.

Le 20, la guérison semble assurée. Le malade n'éprouve plus qu'une petite douleur du côté droit. La température devient normale.

La réaction pupillaire gauche n'a reparu que le lendemain. Le signe de Kernig a persisté sept jours après l'opération. Les drains ont été retirés le huitième jour. Le premier lever s'est fait le douzième jour. La cicatrisation des plaies a été régulière.

A. est maintenant rentré dans la plénitude de ses facultés cérébrales. Il conservera de son grave traumatisme une amaurose presque complète et une atrophie complète de la papille droite produite probablement par une hémorrhagie du nerf optique. L'évolution de cette atrophie a été suivie jour par jour par M. Toubert ; elle a été complète en vingt jours.

Il me reste, pour terminer cette observation, à vous faire connaître le résultat des examens bactériologiques du sang pris au moment de l'opération et du liquide céphalo-rachidien recueilli par la ponction lombaire deux jours après l'opération.

L'ensemencement du sang de la trépanation n'a pas donné lieu à des cultures, comme je l'avais prévu ; mais l'examen du liquide céphalo-rachidien a été tellement probant que je copie in-extenso la note que mon collègue M. Dopter m'a remise.

« La ponction lombaire a permis de recueillir 10 c.m.c. d'un liquide céphalo-rachidien clair, transparent et de teinte ambrée. Pas trace d'albumine par le chauffage. A la centrifugation, culot peu abondant ; éléments cellulaires représentés par des globules rouges, des polynucléaires et des lymphocytes dans la proportion de 80 globules rouges pour 16 polynucléaires et 4 lymphocytes.

L'abondance et la proportion énorme des leucocytes polynucléaires montre que les méninges ont été enflammées et qu'il s'agit d'un processus aigu.

L'ensemencement du liquide céphalo-rachidien a donné lieu, en vingt-quatre heures, à une culture de pneumocoques virulents dont l'injection à une souris a tué l'animal en vingt-quatre heures.

Le diagnostic clinique d'infection méningée se trouve, à mon avis, confirmé par l'état anatomo-pathologique des méninges constaté au moment de l'opération, et par l'examen du liquide céphalo-rachidien. Le pneumocoque n'est pas un germe pathogène assez banal pour attribuer sa présence dans le liquide céphalo-rachidien à un accident opératoire. Il est entré dans les

méninges par l'effraction de la pituitaire et de l'éthmoïde.

Je me crois donc autorisé à rapporter la guérison de
mon malade au traitement chirurgical, à moins d'admettre, avec certains auteurs, que le seul fait de la guérison d'un état méningé prouve que l'on n'a pas eu
affaire à une méningite, mais à du méningisme.

Cette objection serait en apparence rationnellement
appuyée sur un cas de M. le Dr Sabadini. Notre confrère a, en effet, publié dans le Bulletin Médical de l'Al-
gérie de 98 une observation très voisine de la
mienne ; le blessé guérit complètement et sans intervention, après avoir présenté de l'élévation de température, une dilatation légère des pupilles et le signe de
Kernig. Mais il me semble que si j'avais attendu l'évolution de la maladie pour savoir si mon blessé avait du
méningisme et non de la méningite, j'aurais couru
grand risque de voir mon diagnostic de méningite se
confirmer par l'aggravation progressive des accidents.

Je reconnais volontiers que je me suis trouvé en présence d'un cas favorable par la nature de l'agent de
l'infection et le siège initial de cette infection. Le pneumocoque est le moins virulent des agents pathogènes,
et la décompression des méninges a suffi pour enrayer
son action nocive. De même les traumatismes ouverts
de l'étage antérieur du crâne sont moins graves que les
traumatismes de l'étage moyen.

Il est évident que le traitement chirurgical des méningites traumatiques ne pourra être suivi de succès
qu'autant que les désordres endo-crâniens ne seront pas

primitivement trop étendus. La trépanation ne sera probablement jamais applicable qu'à un petit nombre de cas, et c'est pour permettre de préciser plus tard les conditions favorables à l'intervention que je vous ai fait connaître l'observation précédente ».

OBSERVATION X

(MARTIN, *in Bulletin de la Société de médecine d'Angers*, 1909, n° 4, pages 102-108.)

Fracture du rocher droit ; — symptômes graves : coma, convulsions, hémiplégie droite ; — guérison par la trépanation sur la zone rolandique gauche.

Le 7 février, M. L. D..., en voulant sauter sur un cheval, tombe tête première de l'autre côté de la monture. Resté à terre étourdi par le choc, il est transporté à son domicile, peu distant, dans un état d'inconscience presque complète. Mon excellent confrère et ami le Dr Lusson, de Lapommeraye, mandé près du blessé, fait une demi-heure plus tard les constatations suivantes :

Aucune blessure apparente n'existe sur le cuir chevelu.

Écoulement sanguin par l'oreille droite, légère épistaxis. Pas de paralysie du côté de la face et des membres, ni du côté des sphincters, pupilles normales.

Pas de convulsions.

Sensibilité conservée dans ses divers modes, pas de points douloureux à la paroi du crâne.

État comateux avec respiration bruyante ; le blessé répond cependant à l'appel de son nom et par une excitation suffisante peut être tiré de sa torpeur.

Pouls peu rapide, bien frappé ; quelques vomissements.

Le diagnostic est : commotion cérébrale avec probablement fracture irradiée de la voûte à la base (fracture du rocher droit), que fait craindre l'hémorragie, indépendante de toute lésion superficielle et du conduit auditif externe.

Après désinfection des cavités naturelles de la face, occlusion du conduit, le blessé est maintenu en surveillance dans le silence et l'obscurité de sa chambre.

Jusqu'au 14 février la situation reste la même, avec augmentation de la torpeur ; le malade, indifférent à tout, s'agite un peu dans son lit ; aucune paralysie. Au commandement il donne la main et le pied qu'on lui demande, s'assied dans son lit, se couche sur l'un ou l'autre côté, prend les aliments liquides qu'on lui offre, mais retombe de suite dans son anéantissement, les yeux fermés, couché de préférence sur le côté droit.

Il fait une fois ou deux ses besoins sous lui, non par paralysie des sphincters, mais parce qu'il ne demande pas le vase.

Toujours pas de convulsions ; le pouls est à 90, régulier, plein ; respiration parfaite, température 37°3. L'otorrhée a persisté deux jours.

Dans la nuit du 13 au 14 février, le malade a pour la

première fois une convulsion ; d'ailleurs, la famille décrit très imparfaitement le phénomène ; malgré cette convulsion, la journée du dimanche 14 février se passe plutôt bien ; le malade se lève, mais se recouche bientôt ayant du vertige.

Nouvelle convulsion dans la nuit du 14 au 15 février ; calme le 15 février ; la face reste cependant grimaçante, agitée de tics nerveux.

Les convulsions augmentent de nombre et d'intensité dans la nuit du 15 au 16 (on en compte trente), elles persistent.

Le 16 et le 17, se répétant tous les quarts d'heure, intenses, généralisées, elles épouvantent la famille, qui n'en donne qu'une relation sans valeur.

Aucune paralysie n'existe à ce moment, aucun phénomène localisateur, le pouls reste bon entre 80 et 90 ; pas de température, pas de raideur de la nuque ; aussi, malgré l'état convulsif et l'absence de tout signe permettant de localiser une lésion, je conviens, après examen avec le Dr Lasson, le 17 février, de continuer l'expectation, d'autant que les convulsions diminuent de nombre (probablement sous l'influence de la médication calmante faite par mon confrère).

Le lendemain, jeudi matin 18 février, apparaît un phénomène important : le blessé, de plus en plus agité et inconscient, a nettement de *la paralysie faciale droite* ; cette paralysie est complète ; elle atteint le facial supérieur.

Les convulsions reprennent avec un renouveau d'activité le 18 au soir.

Nous assitons à plusieurs d'entre elles, les phénomènes se succèdent de la façon suivante : la convulsion commence par une longue inspiration spasmodique, bruyante. Tout le corps du blessé se raidit, la respiration s'arrête en inspiration forcée, la face devient violacée en même temps que la tête se met violemment en rotation droite, les traits du visage convulsés du même côté droit paralysé ; les yeux sont saillants, animés d'un nystagmus horizontal, regardent à droite.

Les mouvements de la face s'étendent au bras droit, puis se généralisent à tous les membres ; le malade, raidi en opisthotonos, se détend peu à peu ; la respiration se rétablit et le calme revient au bout de 1 à 2 minutes.

La température reste à 37°5 et le pouls, en dehors des accès, est aux environs de 80.

A ce moment, jeudi 18 février, trois symptômes dominent la scène :

1° Le coma contemporain de l'accident ;

2° Les convulsions ;

3° La paralysie faciale droite.

Les convulsions sont dues à l'irritation de l'écorce cérébrale ; leur début net à droite, leur progression hémiplégique droite semblent indiquer qu'elles ont leur origine dans le cerveau gauche.

La paralysie nous paraît plutôt due à la lésion du rocher ; c'est un type de paralysie faciale tardive, due à la névrite, que Desmoulin a décrite dans sa thèse.

Le jeudi 18 février, au soir, les choses se compliquent ; le blessé à une hémiplégie droite complète,

Il est évident, maintenant, qu'il existe une lésion cor-
ticale à gauche, cause des convulsions et de l'hémiplégie brachiale et crurale et probablement aussi de la paralysie faciale droite.

En tout cas il est indiqué d'aller à la recherche de
cette lésion que, étant donné :

1° La progression des accidents survenus les premiers
jours après le traumatisme, convulsions se compliquant
de paralysie faciale droite ; puis d'hémiplégie ;

2° Son siège, à l'opposé de la fracture du rocher, dans
une région répondant aux artères sylvienne et méningée moyenne ;

3° L'absence de température, constatée à plusieurs reprises, l'absence d'autres phénomènes de méningite ;

Nous pensons être de nature hémorragique.

Le malade est transporté à ma clinique et trépané le
19 février, au matin, avec l'assistance des Docteurs Lusson et Hardoin.

Avant l'opération l'on constate 38°7, le pouls est à
100, il y a de la raideur de la nuque ; la possibilité d'une
méningite est admise.

Trépanation. — Un large volet, comprenant les téguments de la paroi crânienne est taillé au-dessus du
plan zygomatique ; sa forme est celle d'un ovale à
grosse extrémité répondant à l'extrémité supérieure de
la scissure de Rolando, à grand axe parallèle à cette
scissure.

Ce volet se rabat en dehors, son extrémité inférieure
fracturée lui servant de charnière.

La dure-mère mise à nu est intacte ; il n'y a pas d'hé-

morragie extra-dure-mérienne, la méningée moyenne
n'est pas déchirée. La dure-mère est incisée, le cerveau
tend à faire hernie entre les lèvres de l'incision dure-
mérienne ; les vaisseaux pié-mériens sont dilatés, tur-
gescents.

Du sang épanché, en caillots en partie défibrinés,
s'étend en lame d'un centimètre d'épaisseur à la surface des circonvolutions rolandiques. L'épanchement
s'épaissit à la corne du lobe sphénoïdal et se prolonge
sous la base du cerveau. Avec le doigt, j'en recueille
6o gr. environ.

La pie-mère ainsi nettoyée a, le long des scissures et
des sillons, une teinte opaline, lactescente ; il existe de
la façon la plus nette un exsudat de nature inflamma-
toire.

Cette méningite nous paraît la cause de tous les accidents, car le sang épanché était trop peu abondant
et étalé sur une trop large surface pour provoquer une
localisation symptomatique aussi nette. Le pronostic
est, croyons-nous, fatal et nous terminons rapidement
l'intervention par la suture des téguments en plaçant
une compresse-drain au contact de la zone rolandique.

Une piqûre faite à la pie-mère pour recueillir du liquide céphalo-rachidien fait jaillir celui-ci, preuve de
son hypertension (ce liquide n'a malheureusement pas
été examiné).

Suites opératoires. — Contre toute attente, le malade,
transporté dans son lit, est calme, son pouls maintient
sa pression ; les convulsions ne se reproduisent pas ;
leur disparition complète est un premier résultat ines-

péré ; la persistance de l'hémiplégie, du coma, nous fait toujours craindre un décès rapide.

20 février. — L'état est meilleur ; le mouvement est revenu du côté droit ; l'œil droit se ferme presque aussi bien que le gauche.

L'intelligence revient un peu, le malade répond surtout par signes ; pouls plutôt petit à 120 ; température 37°. Cette dissociation est de mauvaise augure.

Le pansement imbibé de sérosité est changé ; une mèche de drainage est remise.

En somme état meilleur ; mais, ainsi que le fait observer le Dr Lasson, *avec les lésions observées peut-on vraiment conserver espoir de guérison ?*

22 février. — L'amélioration continue et s'accentue. Pouls à 80 ! Température rectale, à 37°3.

Pas d'agitation, sommeil paisible, l'aphasie continue et on ne peut obtenir que oui ou non ; le bras droit a maintenant assez de force pour que le malade puisse boire seul. La plaie a très bon aspect ; il n'y a plus de suintement.

27 février. — Le jeune L.... se rétablit d'une façon surprenante. T., 37°3. P., 90..

La parole est revenue ; le malade parle, mais bredouille encore par moments. Il réclame à manger à grands cris et voudrait se lever.

Ablation des points de suture.

1er mars. — Le trépané est guéri, il parle bien tout en accrochant encore de temps à autre.

Ce matin 37°2 ; P. 90.

On permet l'alimentation et le lever.

Une ponction lombaire est faite pour se rendre compte de l'état du liquide céphalo-rachidien, 3 cme. sont recueillis, le liquide coule goutte à goutte et est clair, transparent : il est aseptique et de composition cellulaire normale.

Le retour ad integrum des méninges est certain.

Cette observation est donc un bel exemple de méningite traumatique, guérie par la trépanation large ; pour ceux qui ont vu les lésions, la mort paraissait inévitable, même après l'acte opératoire ; et l'on ne peut croire que spontanément le blessé eût pu survivre s'il n'avait pas été opéré.

Si l'intérêt clinique de ce cas reste entier, sa valeur scientifique est beaucoup diminuée en l'absence d'examen bactériologique de l'exsudat et du liquide céphalo-rachidien.

L'aspect macroscopique ne laissait aucun doute sur la réalité de la méningite ; mais la preuve et la constatation de l'agent microbien manquent.

L'on a signalé des méningites aseptiques avec liquide céphalo-rachidien puriforme, pouvant guérir spontanément, dont les observations ont été publiées ces temps derniers ; notre observation de méningite d'origine traumatique ne nous parait pas comparable avec ces cas.

b) *Fractures accompagnées de circonstances ou de symptômes, faisant admettre la possiblité d'une complication.* — Après ces observations il semblerait que l'on doive toujours attendre pour opérer, quelque symptôme de méningite en dehors d'autres complications.

Si cette conduite nous semble la meilleure dans les cas douteux et dans les cas légers, nous ne sommes pas d'avis qu'elle soit également indiquée dans les cas tant soit peu graves, car alors souvent le coma prolongé peut être suivi sans rémission par les complications qui ne donnent plus d'indication nette d'opérer.

Il est vrai que par lui-même ce coma prolongé serait une indication ; mais dans les traumatismes violents, accompagnés d'un coma profond, d'hémorrhagie abondante, et surtout d'écoulement de liquide céphalo-rachidien, l'intervention d'emblée nous semble préférable à tout autre traitement, car cet écoulement indique une déchirure de la dure-mère, lésion de nature à favoriser rapidement l'apparition de la méningo-encéphalite.

OBSERVATION XI

(Dr Martin. Inédite.)

Fracture du rocher gauche. — Otorrhagie abondante. — Trépanation temporale d'emblée. — Drainage intra-crânien. — Guérison.

M. X..., de Blaison, est tamponné par un tramway le 7 mars 1910, à 5 heures du soir. Relevé sans connaissance, il est transporté à ma clinique où je l'examine une demi-heure après l'accident.

L'obnubilation est moins complète ; le blessé répond lentement et avec peine aux questions; il n'a pas souvenir de son accident et se plaint de souffrir de la tête.

Il existe une plaie de la région fronto-pariétale à gauche ; à travers les téguments contus, on voit l'os à nu.

Cette plaie est nettoyée, désinfectée ; et, sur l'os asséché, l'on voit avec netteté une fissure, au niveau du tiers inférieur de la plaie.

Le blessé saigne de l'oreille gauche ; cette hémorragie vient de la caisse à travers le tympan désinséré dans sa moitié postérieure. Cette constatation, faite sous le contrôle de l'examen au miroir à travers un spéculum auris, permet d'affirmer que le trait de fracture vu par la plaie frontale s'irradie à la base du crâne, et que le rocher gauche est intéressé.

Légère parésie de la main droite, peu nette d'ailleurs ; pas de paralysie des membres inférieurs.

La face est pâle ; le pouls à 100. Le blessé n'est pas encore revenu du choc traumatique.

Après suture de la plaie frontale, désinfection et fermeture du conduit auditif, on le laisse reposer, avant de prendre une décision opératoire.

Le lendemain matin, le blessé répond mieux aux questions, quoique encore mal conscient. Son pouls est à 90, fort et plein. Température, 37,5. L'oreille a beaucoup saigné ; la main droite est plus vigoureuse.

L'intensité du choc traumatique, la persistance d'un certain degré de commotion cérébrale et surtout la large communication par l'oreille du foyer de fracture avec l'extérieur me font proposer une trépanation d'emblée pour drainer la cavité arachnoïdienne et prévenir une infection probable des méninges.

Trépanation le 8 mars 1910. — La plaie fronto-pariétale est laissée suturée ; une incision parallèle à l'arcade zygomatique, à 3 cm. au-dessus de celle-ci, prolonge cette plaie et met à découvert le trait de fracture qu'elle s'efforce de suivre à travers les fibres du muscle temporal.

Avec une fraise de Doyen, un orifice est ouvert sur l'écaille du temporal, sur le trait de fracture, aussi près que possible de la base du crâne ; cet orifice est élargi à la pince-gouge et prend la dimension d'une pièce de deux francs.

Incision de la dure-mère ; léger épanchement sanguinolent dans les espaces arachnoïdiens ; le cerveau paraît sain.

Une mèche de gaze est placée en face de l'incision de la dure-mère, sans être mise cependant au contact de la substance cérébrale.

Suture de l'aponévrose et des fibres du temporal par quelques points profonds ; et suture de la peau en laissant le passage de la mèche.

Les suites furent idéalement simples ; la température ne dépassa jamais 38° ; et le pouls, 100 ; l'otorrhagie cessa aussitôt l'établissement du drainage intra-crânien. Celui-ci fut enlevé le troisième jour et renouvelé chaque jour, pour être définitivement supprimé le huitième jour.

Le blessé a quitté la clinique le vingtième jour, sa plaie étant complètement cicatrisée, sans troubles cérébraux et semblant ne garder aucune trace du grave accident du 7 mars.

Ce malade eût-il guéri sans trépanation ; le fait est possible ; mais l'intervention a donné nettement l'impression de supprimer tout trouble cérébral, l'écoulement sanguin, de parer à toute infection. Elle était d'ailleurs indiquée à cause de l'intensité du traumatisme et des symptômes évidemment graves de cette fracture de la base du crâne.

OBSERVATION XII

(Dr Martin. Inédite.)

Fracture de la base du crâne par chute sur la tête et choc violent sur l'occiput. Guérison après trépanation et drainage des méninges.

Un cocher de 53 ans, le 2 février 1910, tombe de son siège.

L'accident est arrivé à huit heures du soir ; je vois le blessé à neuf heures ; il a fallu ce temps pour arriver en ville et porter le blessé à ma clinique.

Celui-ci entre excité, délirant, irascible ; mais bientôt cette exaltation fait place à de l'abattement, de la torpeur ; le faciès devient très pâle, et le blessé à une syncope pendant qu'on le déshabille. Le pouls est petit, à 120. Il existe une plaie occipitale petite, linéaire, à gauche ; l'os paraît intact.

Du sang coule de l'oreille gauche, venant de la

caisse du tympan ; ce dont je m'assure au spéculum
d'oreille après nettoyage du conduit.

Le blessé pansé est réchauffé ; on lui fait une injection de spartéine.

Le lendemain la connaissance est revenue ; l'otorrhagie persiste ; un peu de paralysie faciale gauche ; le
pouls très rapide à 130 ; la température est à 38°.

Le diagnostic de fracture de la base du crâne étant
évident, l'accélération du pouls et la température font
craindre un début de lésion méningo-encéphalique ; il
paraît indiqué de drainer le foyer de fracture.

Trépanation le 3 février. Incision oblique, du
lambda vers la base de l'apophyse mastoïde, passant
par la plaie occipitale. Sur le crâne un trait de fracture
est trouvé descendant vers la base du crâne, derrière
l'apophyse mastoïde, et de là gagnant sans doute le
rocher.

Trépanation sur ce trait de fracture au-dessous de
la portion horizontale du sinus transverse. Un orifice
est préparé à la fraise et agrandi à la pince-gouge ; la
dure-mère est incisée ; les méninges et le cerveau pa-
raissent sains.

Drainage avec un tube entouré de gaze, l'extrémité
de ce tube étant mise dans la plaie dure-mérienne ;
suture des téguments.

Dès le lendemain une détente nette se produisait ;
le pouls tombait à 90°, température à 37°6. L'otorrhagie persiste encore quatre jours.

Suppression du drainage le dixième jour.

Guérison opératoire en vingt jours.

Le blessé, revu en juin, déclare ne se ressentir aucunement de son accident.

————

Il en serait de même si une fracture venait à faire communiquer la cavité crânienne avec une cavité de la face préalablement infectée d'une façon virulente, comme c'est le cas dans les suppurations : otite, sinusite, rhinite. Dans tous ces cas, l'infection étant à peu près fatale, il est tout naturel de chercher à la devancer.

Maintenant quel mode d'intervention choisirons-nous ?

La méthode employée par Pilcher, Walker et Collins Warrens est d'une telle gravité qu'il nous semble qu'elle ne doive plus trouver l'occasion d'être appliquée. A notre avis, elle doit être éliminée.

Restent la méthode de Cushing et celle de Vincent.

La première, plus complexe, exigeant un temps plus long pour son application, nous semble plutôt devoir être réservée au traitement des complications lorsqu'on aura lieu d'intervenir d'une façon moins rapide et plus active.

D'ailleurs elle n'est pas applicable aux fractures des étages antérieur et postérieur.

Beaucoup plus simple et plus rapide, tout en étant d'une application générale, est la méthode de Vincent : trépanation et drainage de la dure-mère.

Aussi est-ce celle que nous préconiserons lorsqu'on croira devoir intervenir immédiatement.

En définitive, nous arrivons à ce résumé :

Opération d'emblée, rare, seulement dans les cas graves, susceptibles d'aboutir à peu près fatalement à l'infection, quand il n'y a pas immédiatement d'autres indications, compression, etc. Et alors, trépanation préventive de Vincent.

Le reste du temps, dans la majorité des cas, abstention opératoire, soins médicaux et, à la première alerte, intervention chirurgicale.

CHAPITRE III

Puisque nous en arrivons à conclure que la méthode de choix, lorsqu'il y a lieu d'intervenir immédiatement, est celle proposée par Vincent, et que même lorsqu'on intervient secondairement pour enrayer les complications de méningo-encéphalite, nous la trouvons encore préférable à toute autre, il nous semble naturel d'exposer cette intervention par les paroles même de son promoteur :

« On établit une ouverture de la paroi crânienne dans un point de la voûte aussi rapproché que possible de la fracture de la base ; si celle-ci, ce qui est le cas le plus fréquent, est le résultat d'une irradiation partie de la voûte, il faut trépaner sur le trajet même du trait de fracture ou près de lui ; l'ouverture avec une fraise de grosseur moyenne et l'agrandissement avec une pince coupante sont insuffisants ; la dure-mère est incisée de manière à mettre à nu la surface cérébrale dans toute l'étendue de la brèche osseuse ; s'il existait un foyer sanguin extra ou intra-dure-mérien, il serait évacué ; puis la dure-mère restant largement ouverte, un drain est placé sous les parties molles en contact avec la substance cérébrale ; et les téguments sont en partie suturés. On conserve le drainage pendant douze à quinze jours pour permettre au foyer de la fracture de s'organiser et de se défendre contre l'infection.

L'intervention est donc d'une grande simplicité ; elle est semblable à celle recommandée dans les fractures de la voûte en y ajoutant l'ouverture de la dure-mère et le drainage intra-crânien ; dans les fractures de la voûte elle a fait ses preuves, et aucun chirurgien n'hésite à l'employer pour peu qu'il y ait la moindre plaie des téguments, le plus léger enfoncement ou un léger symptôme cérébral en rapport avec le siège de la fracture ; l'addition d'un temps nouveau, l'ouverture systématique de la dure-mère n'est pas une complication. Seulement ce qui caractérise le traitement dans les fractures de la base, c'est la nécessité d'agir toujours et le plus tôt possible dès que le diagnostic est établi ; même avec l'intégrité complète des téguments, en l'absence de tout symptôme cérébral et de toute dépression osseuse, le danger est l'infection de la fracture de la base par la communication de son foyer avec l'extérieur ; il faut prévenir cette infection en la réduisant au minimum par le drainage de la cavité arachnoïdienne.

Pour remplir ce but, l'intervention doit être aussi précoce que possible ; il est inutile d'attendre trop longtemps la disparition du shock, de la stupeur du blessé ;

le plus souvent la commotion cérébrale, un épanchement sanguin contribueront à augmenter ces phénomènes de shock ; la décompression amenée par l'acte
opératoire ne pourra qu'atténuer ces accidents. »

Enfin nous exposerons en quelques mots ce que
nous avons à dire particulièrement sur l'emploi des
moyens médicaux destinés à lutter contre les complications infectieuses.

Au point de vue technique, les soins de désinfection
des cavités avec lesquels la fracture est en communication, qui constituent le point important du traitement des fractures de la base du crâne, gagneraient
beaucoup à être simplifiées.

Les méfaits du tamponnement des fosses nasales, de
l'irrigation des oreilles et du nez par le siphon de
Weber ne se comptent plus. Nous avons déjà constaté
que le tamponnement des fosses nasales est une manœuvre dangereuse, exaltant l'infection des cavités naturelles, et qui est appelé à disparaître de la thérapeutique. De même le lavage du nez pratiqué ou non avec
le siphon de Weber, provoque souvent l'infection de la
trompe, des otites, des mastoïdites.

Il convient de lui substituer ou de simples inhala-
tions, ou si le lavage du nez paraît nécessaire, des
bains de nez.

D'après Sébileau, la technique du bain nasal est la
suivante : renversant faiblement la tête en arrière, puis
arrêtant la respiration après une inspiration profonde
comme s'il allait faire un effort, le patient laisse couler
dans la fosse nasale, le long du plancher de celle-ci, le

liquide contenu dans une pipette ; quand revient im-
périeusement pour lui le besoin d'une nouvelle inspiration, il incline la tête en avant et rejette ainsi le liquide qui reflue par les deux vestibules nasaux ; et il
n'y a qu'à recommencer. Pas d'otite, pas de mastoïdite,
pas d'infection du trait de fracture à redouter.

La prise d'une pommade mentholée complètera
l'ensemble des précautions nasales à prendre et isolera
autant que faire se peut le trait de fracture sous ce ver-
nis antiseptique.

De même le nettoyage à sec du conduit auditif est
infiniment préférable à toute irrigation ; et c'est vouloir
à coup sûr infecter la caisse du tympan que d'injecter
dans le conduit des solutions que n'arrête plus un tympan déchiré.

Le conduit auditif, nettoyé ainsi, sous le contrôle
de l'œil, comme il est courant en otologie, avec le
concours d'un spéculum auris et du miroir frontal,
est ensuite obturé avec un tampon d'ouate ou de gaze
stérilisées.

CONCLUSIONS

1° Les fractures irradiées de la voûte à la base sont par définition presque toutes des fractures ouvertes, compliquées, par conséquent exposant à l'infection des méninges.

2° Au point de vue thérapeutique, la vérité semble se trouver entre les deux opinions extrèmes de ceux qui n'opéraient que forcés par l'apparition d'une complication méningée et celle des chirurgiens trépanant systématiquement la base du crâne de tout fracturé.

3° Bon nombre de fractures de la base du crâne guérissent spontanément sans incidents. Il est souvent difficile, dans tel cas donné, de déterminer ou non l'indication opératoire ; c'est affaire de sens clinique, de tact chirurgical, d'étude raisonnée de chaque cas particulier ; il faut savoir être éclectique.

En dehors des indications classiques de : plaie extérieure, compression cérébrale, méningite, l'on doit opérer tous les cas de fracture de la base quand les circonstances de l'accident, la gravité des symptômes, la probabilité de l'infection font craindre l'apparition de méningo-encéphalite.

4° La meilleure méthode opératoire nous paraît être celle de Vincent, dont la *trépanation précoce, avec ouverture permanente de la dure-mère et drainage de la cavité arachnoïdienne* est moins offensante et moins grave que la trépanation sous-temporale de Warren, plus logique et d'effet plus général que la trépanation décompressive de Cushing et que les ponctions lombaires de Quénu et Muret.

INDEX BIBLIOGRAPHIQUE

ABAN. — *Archives de Médecine*, 1844.

AUVRAY. — Les maladies du crâne et de l'encéphale (Traité de Chirurgie, 1909).

BONN. — *Archives de Langenbeck*, 1878.

CHIPAULT. — Chirurgie opératoire du système nerveux, 1894.

COQUEREL. — Th. de Paris, 1905.

CUNÉO. — *Journal de Chirurgie*, 1909.

CUSHING. — *Annals of Surgery*, 1908, p. 641-644.

FÉLIZET. — Th. de Paris, 1873.

GÉRARD-MARCHAND. — *Traité de Chirurgie.*

LUXEMBOURG. — Trépanation dans les fractures de la base du crâne (*Deutsche Zeitschrift für chirurgie*), t. CI 1909, p. 177.

MARION. — *Manuel de technique chirurgicale.*

MARTIN. — *Bulletin de la Société de Médecine d'Angers*, 1909, n° 4, p. 102-108.

MIGNON. — *Bulletin de la Société de Chirurgie* 1904 : Des principales complications septiques des otites moyennes suppurées et de leur traitement, 1898.

Picqué. — *Bulletin de la Société de Chirurgie*, 1907.

Poirier. — *Bulletin de la Société de Chirurgie*, 1901.

Sébileau. — *Leçons de chirurgie faite à l'hôpital Cochin*, 1899.

Salvador. — Th. de Paris, 1903.

Trélat. — *Société anatomique*, 1855.

Vincent. — Du traitement rationnel des fractures de la base du crâne (*Revue de Chirurgie* août 1909, p. 253).